职业教育机电类技能人才培养规划教材

ZHIYE JIAOYU JIDIANLEI JINENG RENCAI PEIYANG GUIHUA JIAOCAI

基础课程与实训课程系列

钳工工艺与技能训练

□ 陈伦银　周少良　主编

□ 王静　钟震坤　向清然　邹龙军　尹南宁　肖华　刘超　副主编

人民邮电出版社

北　京

图书在版编目（CIP）数据

钳工工艺与技能训练 / 陈伦银，周少良主编. -- 北
京：人民邮电出版社，2015.9（2023.9重印）
职业教育机电类技能人才培养规划教材
ISBN 978-7-115-39667-9

Ⅰ. ①钳… Ⅱ. ①陈… ②周… Ⅲ. ①钳工－工艺－
中等专业学校－教材 Ⅳ. ①TG9

中国版本图书馆CIP数据核字(2015)第149957号

内 容 提 要

　　本书针对职业学校学生的知识结构特点，兼顾国家职业技能鉴定钳工中级工考核标准，考虑现代工业发展状况对技能人才的需求，采用理实一体化的形式，将钳工工艺与钳工实习的内容有机地结合在一起。本书主要内容包括钳工入门知识、钳工基本技能训练、锉配、弯形与矫正、精加工、钳工常用设备的使用、装配和钳工综合训练共 8 个模块。

　　本书可作为中、高级技工学校，技师学院及各类职业院校机械类专业的教材，也可供相关从业人员参考和学习。

　◆ 主　　编　陈伦银　周少良
　　　责任编辑　刘盛平
　　　执行编辑　王丽美
　　　责任印制　杨林杰

　◆ 人民邮电出版社出版发行　　北京市丰台区成寿寺路 11 号
　　　邮编　100164　电子邮件　315@ptpress.com.cn
　　　网址　http://www.ptpress.com.cn
　　　固安县铭成印刷有限公司印刷

　◆ 开本：787×1092　1/16
　　　印张：12.5　　　　　　　　　　2015 年 9 月第 1 版
　　　字数：319 千字　　　　　　　　2023 年 9 月河北第 9 次印刷

定价：30.00 元
读者服务热线：(010) 81055256　印装质量热线：(010) 81055316
反盗版热线：(010) 81055315
广告经营许可证：京东市监广登字20170147号

为适应当前职业教育和人才培养模式，响应课程体系和教学内容等改革的要求，以我校创建国家示范校为契机，优化课程结构，按现代机械制造企业的生产流程和企业的岗位要求构建了本课程的技能训练体系。

本书根据钳工实训的内容特点，把理论与实习有机地结合在一起，图文并茂，形象直观，文字简明扼要、通俗易懂，将学习内容分成了 8 个模块 32 个项目。每个项目由项目任务、相关工艺知识、项目实施、项目测评和习题与思考 5 部分组成。在项目任务部分，给出了项目任务以及完成任务所需要掌握的知识目标和技能目标；在相关工艺知识部分，介绍了学生在完成项目任务时必须掌握的理论知识和操作技能；在项目实施部分，详细介绍了完成该项目所需要的操作步骤；在项目测评部分，对该项目的考核进行了细化；在习题与思考部分，围绕完成该项目所需的知识点精心筛选了一定数量的习题，供读者检测学习效果。

通过 8 个模块的学习和训练，学生应能掌握钳工工艺知识、钳工常用操作技能及简单的装配知识，达到钳工中级工的水平。

本书的参考学时为 216～248 学时，建议采用理论实践一体化的教学模式，各模块参考学时可参考下面的学时分配表。

学时分配表

项　　目	课 程 内 容	学　　时
模块一	钳工入门知识	6
模块二	钳工基本技能训练	78
模块三	锉配	36
模块四	弯形与矫正	10
模块五	精加工	20
模块六	钳工常用设备的使用	18
模块七	装配	24
模块八	钳工综合训练	24～56
课时总计		216～248

本书由衡阳技师学院陈伦银和周少良任主编，王静、钟震坤、向清然、邹龙军、尹南宁、肖华、刘超任副主编。其中，王静编写了模块一，陈伦银编写了模块二，周少良编写了模块三，向清然编写了模块四，肖华和刘超编写了模块五，尹南宁编写了模块六，邹龙军编写了模块七，钟震坤编写了模块八。此外，李双、邹超、陈曦、黄中等也参与了本书

的编写。

　　由于编者水平和经验有限，书中难免有欠妥和错误之处，恳请读者批评指正。

编　者

2015 年 3 月

目录 CONTENTS

钳工入门知识

项目一　钳工入门知识

项目任务

　　本项目主要介绍钳工的基本概念并进行基本的训练，熟悉工作现场；掌握使用手工工具对台虎钳进行拆装，了解其构造和使用要求；学习钳工安全文明生产知识。

　　【知识目标】

　　(1) 明确钳工专业的性质、任务。

　　(2) 熟悉钳工基本操作的内容。

　　(3) 了解钳工实习场地及常用设备。

　　【技能目标】

　　(1) 掌握安全文明生产的要求。

　　(2) 能装拆台虎钳。

相关工艺知识

　　1. 钳工的重要性

　　在古代，金属制品（如兵器、货币、日常生活用品和劳动工具等）都是用铸造、锻造的方法制造的。随着锻造工艺的劳动分工，到 14 世纪末，在采用冷锻法的基础上，人们开始用冷作工艺来制造简单的金属制品（如锁、环之类）。这就是今天钳工工艺的雏形。

　　钳工通过使用手工工具或设备，来完成目前机械加工方法不方便或难以解决的工作。如零件在加工前的划线，机械设备的维护和保养，精密的量具、样板和模具等的制造、装配调试及安装维修，这些工作都离不开钳工。同时，钳工具有技术性强、灵活性大、手工操作多、工作范围广等特点，加工质量的好坏直接取决于操作者技术水平的高低。因此，在工业生产部门中，钳工和其他工种一样，占有很重要的地位。

　　2. 钳工的工作范围

　　钳工是一种工作内容比较复杂、细致的工种，其基本内容有：划线、锉削、錾削、锯削、钻孔、扩孔、铰孔、攻丝与套螺纹、刮削、研磨、零件测量和简单的热处理等。

　　钳工工作范围广泛、工艺复杂，初学者必须严肃认真、勤学苦练、耐心细致，才能掌握好这门技术。同时，还应不断提高自己的思想道德素质和科学文化素质，以适应先进生产力的发展要求。

　　随着科学技术的不断发展，机械自动化加工的水平也越来越高，钳工的工作范围也越来越广，需要掌握的知识及技能也越来越多，于是产生了分工，以适应不同的专业需求。按工作内容及性质，钳工大致可分为装配钳工、机修钳工、工具钳工三类。但是不管怎样分工，只要掌握一般钳工理论知识和操作技巧，再根据生产的要求在各专业钳工工种中进行钻研，就可以成为该工种的行家里手。

3．钳工常用设备

（1）钳台。钳台也叫钳桌，用于安装台虎钳、放置工具和工件等。其高度为800～1000mm，使装上台虎钳后操作者工作时的高度比较合适（一般多以钳口高度恰好与肘齐平为宜，即将肘放在台虎钳最高点，半握拳时拳刚好抵住下颚为准），如图1-1所示。

（2）台虎钳。台虎钳是用来夹持工件进行加工的必备工具，其规格以钳口宽度来表示，有75mm、100mm、125mm、150mm、200mm等几种。

台虎钳有固定式和回转式两种，图1-2所示为回转式台虎钳，回转式台虎钳使用方便，应用较广。

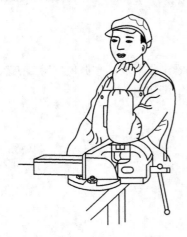

图1-1　检验钳台高度

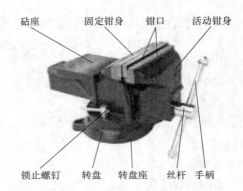

图1-2　回转式台虎钳

（3）砂轮机。砂轮机主要用来刃磨錾子、钻头、刮刀或其他工具，也可用来磨去工件或材料上的毛刺。

砂轮机主要由砂轮、电动机和机体组成，如图1-3所示。

（4）钻床。钻床是用来对工件进行孔加工的设备，可分为台式钻床、立式钻床和摇臂钻床等。常用钻床如图1-4所示。

图1-3　砂轮机

1—搁架；2—砂轮；3—电动机；4—机座

4．钳工常用工具和量具

钳工常用工具和量具如图1-5、图1-6所示。

（a）台式钻床

（b）立式钻床

（c）摇臂钻床

图1-4　常用钻床

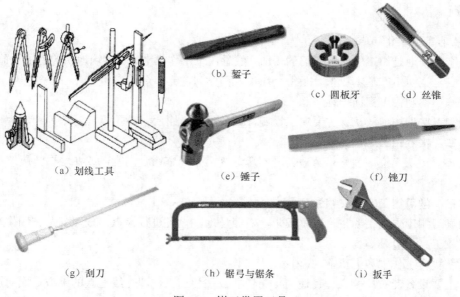

（a）划线工具　　（b）錾子　　（c）圆板牙　　（d）丝锥

（e）锤子　　（f）锉刀

（g）刮刀　　（h）锯弓与锯条　　（i）扳手

图 1-5　钳工常用工具

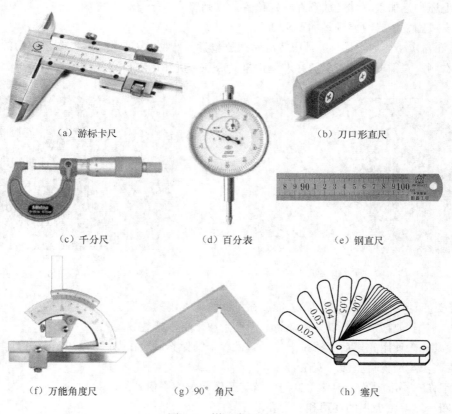

（a）游标卡尺　　（b）刀口形直尺

（c）千分尺　　（d）百分表　　（e）钢直尺

（f）万能角度尺　　（g）90°角尺　　（h）塞尺

图 1-6　钳工常用量具

项目实施

1. **熟悉钳工工作场地**

钳工工作场地是钳工生产或实习的场所，熟悉钳工工作场地，了解场地内的主要设施、设备，理解钳工安全文明生产基本要求，是每个钳工入门学习的必修一课。

操作一 参观钳工实训场地

参观钳工实训场地，认识主要钳工设施，如台虎钳、钳台、砂轮机、台钻等。

操作二 检查钳工工位高度

检查各自钳工工位高度是否合适。若不合适则需要调整钳台高度，或在地面垫脚踏板以提高人的高度。

操作三 学习钳工安全文明生产要求

逐条学习钳工安全文明生产基本要求，对照场地、设备进行检查。按照安全文明生产要求在钳台上摆放工具、量具等物品。

（1）在实习工作中和上班前 4h 内不准喝酒。

（2）主要设备的布局要合理、适当，钳台要放在便于工作和光线适宜的地方；面对面使用钳台时，中间要装安全防护网（见图 1-7）。钻床和砂轮机一般安装在场地的边沿，以保证安全。

（3）使用的量具、工具要经常检查，发现损坏或故障时要及时报修，在未修好前不得使用。

（4）毛坯和已加工零件应放置在规定位置，排列整齐、平稳。

（5）安放工、量具时要满足的要求如下。

① 在钳台上工作时，工、量具应按次序摆放整齐。一般为了取用方便，右手取用的工具放在台虎钳的右侧，左手取用的工具放在左侧，量具放在台虎钳的右前方（见图 1-8）。

图 1-7 钳台

图 1-8 工具的摆放方法

② 量具不能与工具混放在一起，应放在量具盒或专用的板架上。

③ 工、量具要摆放整齐以方便取用，不能乱放，更不能叠放。

④ 量具每天使用完毕后应擦拭干净，并做一定的保养后放在专用的盒内。

⑤ 工作场地应保持整洁、安全。

（6）工作中不准唱歌、闲谈、打闹和做与工作无关的事情。

操作四 学习台虎钳的使用和安全要求

（1）工作时，夹紧工件要松紧恰当，只能用手扳紧手柄，不得借助其他工具进行加力。

（2）进行强力作业时，应尽可能使作用力朝向固定钳身。

（3）不允许在活动钳身和光滑平面上进行敲击作业。

（4）对丝杆、螺母等活动表面应经常清洗并上油润滑，以防生锈。

操作五　安全用电

为预防直接触电和间接触电事故的发生，应该采取以下措施。

（1）选用安全电压。发生触电时的危险程度与通过人体电流的大小、频率，通电时间的长短，电流在人体中的路径等多方面因素有关。通过人体的电流为 10mA 时，人会感到不能忍受，但还能自行脱离电源；电流为 30～50mA 时，会引起心脏跳动不规则，时间过长则可能使心脏停止跳动。

通过人体电流的大小取决于加在人体上的电压和人体电阻。人体电阻因人而异，差别很大，一般在 800Ω 至几万欧姆。考虑使人致死的电流和人体在最不利情况下的电阻，我国规定安全电压不超过 36V（常用的有 36V、24V、12V 等）。

在潮湿或有导电地面的场所，当灯具安装高度在 2m 以下、容易触及而又无防止触电措施时，其供电电压不应超过 36V。

一般手提灯的电压不应超过 36V，但如果作业地点狭窄、特别潮湿且工作者接触有良好接地的大块金属时（如在锅炉里）则应使用不超过 12V 的手提灯。

（2）佩戴保护用具。保护用具是保证操作人员安全的工具。设备带电部分应有防护罩，或者放置在不易接触的高处，或采用联锁保护装置。此外，使用手电钻等移动电器时，应使用橡胶手套、橡胶垫等保护用具，不能赤脚或穿潮湿鞋子站在潮湿的地面上使用电器。

（3）实施保护接地和保护接零。在正常情况下，电气设备的金属外壳是不带电的，但在绝缘损坏或漏电时，外壳就会带电，人体触及就会触电。为了保证操作人员的安全，必须对电气设备采取保护接地和保护接零措施。

（4）安全用电注意事项。

① 不准带电移动电气设备。

② 不准赤脚站在地面上带电进行作业。

③ 不准挂钩接线。

④ 不准使用三危线路用电。三危线是指对地距离不符合安全要求的"拦腰线""地爬线"和"碰头线"。

⑤ 任何进行电气操作及值班工作的人员不准酒后上班。

⑥ 不准带负荷拉、合刀闸。停电时，先拉负荷开关后拉总开关；送电时，按相反顺序进行操作。

⑦ 对电气知识一知半解者，不准乱动电气设备或乱拉、乱接导线；安装及修理工作要请合格电工进行操作。

⑧ 照明线路不准采用一线一地制。

⑨ 不准约时停、送电。

⑩ 不准私设电网。

安全用电的原则是：不接触低压带电体；不靠近高压带电体。同时应警惕：本来不应带电的物体带了电；本来是绝缘的物体导了电。

2. 装拆、保养台虎钳

根据学生的身高，明确各学生的实习工位，并发放工、量、刃具（螺丝刀、活动扳手、钢丝刷、毛刷、油枪、润滑油、黄油等），对台虎钳进行装拆和保养。

　　台虎钳是钳工经常用到的设备之一，图1-9所示为回转式台虎钳。其主体部分用铸铁制成，由固定钳身和活动钳身组成。活动钳身通过导轨与固定钳身做滑动配合：装在活动钳身上的丝杆可以旋转，但不能轴向移动，当摇动手柄使丝杆旋转时，就可以带动活动钳身做轴向移动，起夹紧或放松的作用。弹簧借助挡圈和开口销固定在丝杆上，其作用是当放松丝杆时，可使活动钳身及时退出。在固定钳身和活动钳身上都装有钢制钳口，并用螺钉固定。钳口的工作面上制有交叉的网纹，使工件夹紧后不易产生滑动。钳口经过淬硬，具有较好的耐磨性。固定钳身装在转盘座上，并能绕转盘座转动，当转到要求的方向时，扳动锁紧手柄使锁止螺钉旋紧，便可在夹紧盘的作用下把固定钳身锁紧。转座上有三个螺栓孔，用来与钳台固定。在钳台上安装台虎钳时，必须使固定钳身的工作面处于钳台边缘以外，以保证夹持长条形工件时工作的下端不受钳台边缘的阻碍。

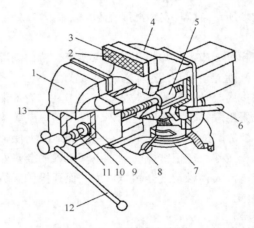

图 1-9　回转式台虎钳

1—活动钳身；2—紧固螺钉；3—钳口；4—固定钳身；5—螺母；6—手柄；
7—夹紧盘；8—转盘座；9—销钉；10—挡圈；11—弹簧；12—手柄；13—丝杆

　　操作一　用手握住手柄12逆时针方向旋转，使丝杆13与螺母5分离，然后抽出活动钳身；

　　操作二　抽出丝杆上的开口销9后，再抽出丝杆上的垫圈10和弹簧11，然后从活动钳身上抽出丝杆；

　　操作三　用六角扳手拧下与钳身相连的钳口3上的紧固螺钉2，取下钳口；

　　操作四　转动手柄6松开螺杆，将固定钳身4从转盘座8上取出；

　　操作五　用活动板手将螺母5与固定钳身4相连的螺杆取下，拿出螺母5；

　　操作六　用活动扳手松开转盘座8和钳桌的三个连接螺栓，取出转盘座8和夹紧盘7；

　　操作七　将台虎钳各部件上的碎屑和油污用煤油清洗干净，其主要部件有：丝杆、螺母和固定钳身等；

　　操作八　检查各个垫圈、弹簧、丝杆、螺母、螺钉是否良好及磨损情况；

　　操作九　在螺母5的孔内涂适量的黄油，各钢件上涂防锈油；

　　操作十　回装时，要注意装配顺序（包括零件的正反方向），做到一次装成。同时要做到在装配中不要轻易使用锤子敲打各部件；

　　操作十一　装配后旋转手柄 12，检查丝杆 13 是否灵活，活动钳身 1 与固定钳身 4 之间的摩擦声是否正常。

项目测评

　　台虎钳保养评分标准见表 1-1。

表 1-1　　　　　　　　　　　　台虎钳保养部分标准

班级：_____　姓名：_____　学号：_____　成绩：_____

序号	要　求	配分	评分标准	得分	备　注
1	工具的正确使用	10	每发现一次错误扣 2 分		
2	台虎钳的正确拆卸	20	一处不合理扣 5 分		
3	台虎钳的正确装配	30	一处不合理扣 5 分		
4	工具、量具的正确摆放	20	一处不合理扣 5 分		
5	实习纪律	10	被批评一次扣 5 分		
6	安全文明生产	10	违者每次扣 2 分		

习题与思考

　　1．试述钳工工作的特点及适用场合。

　　2．安全文明生产对钳工使用的工、夹、量具的摆设提出了哪些要求？

　　3．使用台虎钳时应注意什么？

　　4．使用砂轮机应注意哪些事项？

　　5．钳工在机器制造业中，担负着哪些主要任务？

钳工基本技能训练

项目二　划线

项目任务

　　图 2-1 所示为圆弧燕尾的零件图，图 2-2 所示为其实物图。试在平板上划出其零件轮廓线。划线操作应达到线条清晰、粗细均匀，尺寸误差不大于±0.03mm。

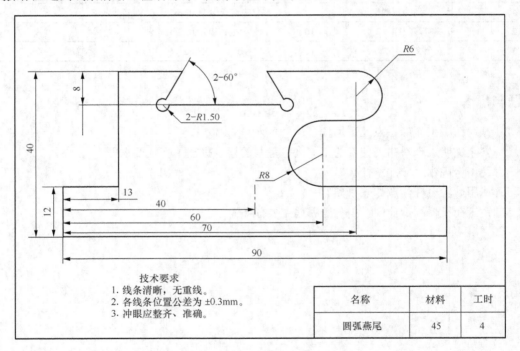

技术要求
1. 线条清晰，无重线。
2. 各线条位置公差为 ±0.3mm。
3. 冲眼应整齐、准确。

名称	材料	工时
圆弧燕尾	45	4

图 2-1　圆弧燕尾零件图

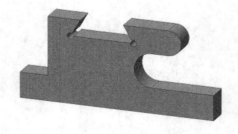

图 2-2　圆弧燕尾实物图

【知识目标】

（1）掌握划线工具的种类和使用方法。

（2）了解划线基准的选择。

（3）了解划线时找正、借料的方法。

【技能目标】

（1）能正确使用划线工具，对工件按图样进行划线。

（2）能进行简单的找正划线。

（3）按 6S 标准对现场进行管理。

相关工艺知识

1. 概述

（1）划线的定义。划线是指在毛坯或工件上，用划线工具，按图样的要求，在毛坯或半成品上划出待加工部位的轮廓线或作为基准的点、线。

划线是钳工工艺的先行工序，是钳工操作的第一个步骤，在工件加工的过程中，划线起着重要的指导作用：在工件上钻孔，要通过划线确定孔的位置；加工锤头也要划出锤头形状，然后再进行加工；不能拿着一块料盲目地琢磨着去干。同时要求所划的线尺寸准确、线条清晰。

（2）划线的种类。

① 平面划线。在工件的某一个平面上划线后，就能明确表示加工界线的，称为平面划线，如图 2-3（a）所示。

② 立体划线。在工件的两个面或两个以上的面上划线，才能明确表示加工界线的，称为立体划线，如图 2-3（b）所示。

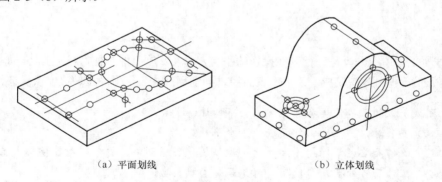

（a）平面划线　　　　　　　　　（b）立体划线

图 2-3　划线种类

（3）划线的作用。

① 确定工件的加工余量，使机械加工有明确的尺寸界线。

② 便于复杂工件在机床上的安装，可以按划线找正定位。

③ 能够及时发现和处理不合格的毛坯，避免加工后造成损失。

④ 采用借料划线可以使误差不大的毛坯得到补救，使加工后的零件仍能符合要求。

2. 划线工具和涂料

（1）常用划线工具如图 2-4 所示。

（a）划线平板　　　　　　（b）划针　　　　　　（c）划规

（d）钢直尺　　　　　　（e）单脚划规　　　　　　（f）游标高度尺

（g）样冲　　　　　　（h）90°角尺　　　　　　（i）V形铁

图 2-4　常用划线工具

① 划线平板。划线平板是进行划线操作的平台，用来安放工件、摆放划线工具，如图 2-4（a）所示。划线平板一般由铸铁制成，其工作表面经过刨削刮削加工，平面度较高，以保证划线精度。

说明	划线平板的正确使用和保养方法如下所述。 （1）安装时，平板的工作面应处于水平状态。 （2）工作面要经常保持清洁，防止被铁屑、砂料划伤，更不得用硬物敲击工作面。 （3）工作面各处要均匀使用，以免局部磨损。 （4）划线工作结束后，要把平台表面擦净，上油防锈。 （5）划线平板应定期检查、调整和维修，以保证其精度。

② 划针。划针是在工件上划线的工具，如图 2-4（b）所示。一般由 $\phi3\sim5$mm 的弹簧钢丝制成，尖端磨成 $15°\sim20°$，并进行淬硬处理，以提高其耐磨性。

③ 划规。划规又名圆规，如图 2-4（c）所示。一般用来划圆、圆弧、等分线段和圆，也可用来量取尺寸。它一般用中碳钢或工具钢制成，两脚尖刃磨后进行淬硬处理。

④ 钢直尺。钢直尺是一种简单的尺寸量具，如图 2-4（d）所示。在尺面上刻有尺寸刻线，最小刻线间距为 0.5mm，其长度规格有 150mm、300mm 等多种。它主要用于量取尺寸、测量工

件，也可作为划直线时的导向工具。

⑤ 单脚划规。单脚划规用来求圆盘形工件的中心，操作比较方便，如图 2-4（e）所示。单脚划规由碳素工具钢制成，尖端焊上高速钢。在操作时要注意，单脚划规的弯脚离工件端面的距离应保持每次基本相同，否则求出的中心会产生较大误差。

⑥ 游标高度尺。游标高度尺是精密量具之一。它既能测量工件的高度，还附有划针脚，可作划线工具，如图 2-4（f）所示。其划线精度可达 0.1mm 左右。

注意	划线时，划线量爪要垂直于划线表面一次划出，不得用量爪的两侧尖来划线，以免侧尖磨损，增大划线误差。

⑦ 样冲。样冲由碳素工具钢制成，也可由旧丝锥、铰刀改制而成，如图 2-4（g）所示。

⑧ 90°角尺。90°角尺在划线时常用作划平行线或垂直线的导向工具，也可用来找正工件平面在划线平台上的垂直位置，或用于定性测量工件的垂直度（透光法），如图 2-4（h）所示。

⑨ V 形铁。V 形铁可用来支撑圆柱形工件，一般两块配合使用以支撑较长的圆柱形工件，或用于划线时作为基准使用，如图 2-4（i）所示。

（2）常用划线涂料配方及其应用场合如表 2-1 所示。

表 2-1　　　　　　　　　　　常用划线涂料配方及其应用场合

名　称	配 制 比 例	应 用 场 合
石灰水	稀糊状熟石灰水加适量骨胶或桃胶	铸件、锻件毛坯
蓝油	2%～4%龙胆紫加 3%～5%虫胶漆和 91%～95%酒精混合而成	已加工表面
硫酸铜溶液	100g 水中加 1～1.5g 硫酸铜和少许硫酸溶液	形状复杂的工件

3. 划线基准的选择

（1）基准的概念。基准是指图样上或工件上用来确定其他点、线、面的依据。基准分设计基准和工艺基准。划线基准属于工艺基准，是指划线时选择工件上某些点、线、面作为依据，用来确定其他点、线、面的尺寸和位置。划线时，首先应确定划线基准。

（2）基准的形式（见图 2-5）。

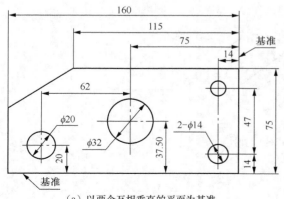

（a）以两个互相垂直的平面为基准

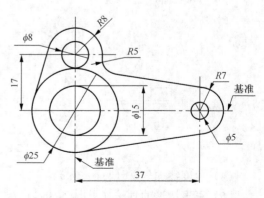

（b）以两互相垂直的中心线为基准

图 2-5　划线基准的形式

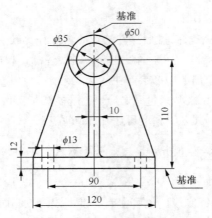

（c）以一个平面和一条中心线为基准

图 2-5　划线基准的形式（续）

4. 划线方法

（1）直线的划法（见图 2-6）。

（2）平行线的划法（见图 2-7）。

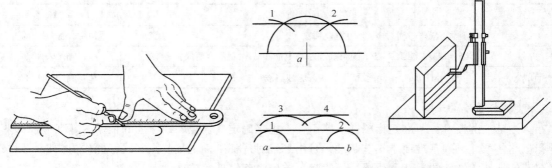

图 2-6　直线的划法　　　　　　　　　图 2-7　平行线的划法

（3）垂直线的划法（见图 2-8）。

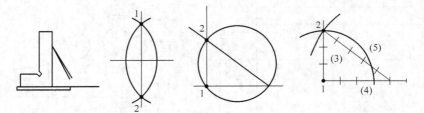

图 2-8　垂直线的划法

（4）角度线的划法（见图 2-9）。

（5）正多边形的划法（见图 2-10）。

（6）切圆弧的划法（见图 2-11）。

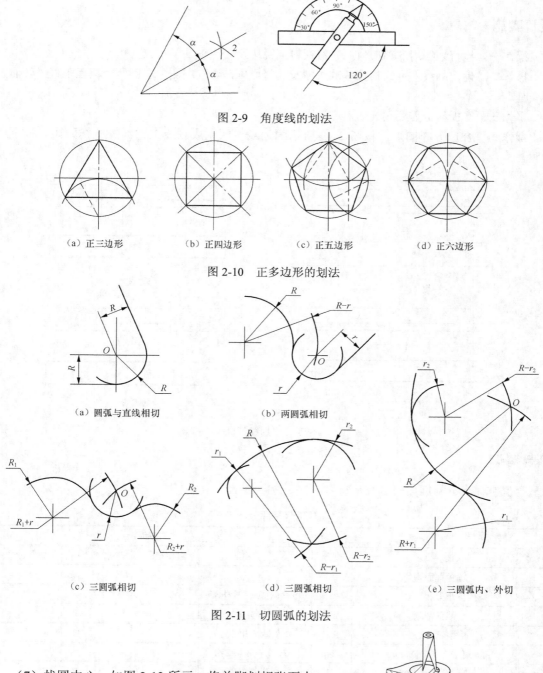

图 2-9　角度线的划法

（a）正三边形　　（b）正四边形　　（c）正五边形　　（d）正六边形

图 2-10　正多边形的划法

（a）圆弧与直线相切　　　　　　（b）两圆弧相切

（c）三圆弧相切　　　　（d）三圆弧相切　　　　（e）三圆弧内、外切

图 2-11　切圆弧的划法

　　（7）找圆中心。如图 2-12 所示，将单脚划规张至大于（或小于）需划圆周半径，单脚划规弯曲的卡爪靠在孔壁上，分别以接近对称的四点为圆心划四个相交弧，取四段弧的中间一点为圆心。

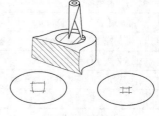

图 2-12　找圆中心

项目实施

操作一 检查划线用的薄板料，并对板料倒锐边及去毛刺。

操作二 确定划线基准。根据基准类型及选择原则，选取左侧和右侧两个相互垂直的表面为划线基准。

操作三 在板料上需要划线的地方涂上涂料。

操作四 合理分布图形，按图 2-13 所示的划线步骤完成划线工作，经检查无误后打上样冲眼。

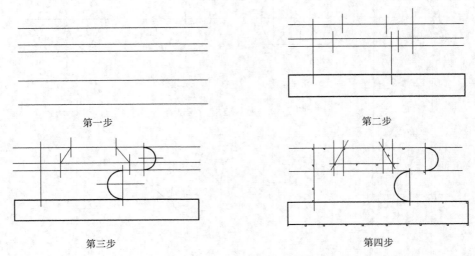

第一步　　　　　　　　　　　　　　　　第二步

第三步　　　　　　　　　　　　　　　　第四步

图 2-13　划线步骤

项目测评

圆弧燕尾评分标准如表 2-2 所示。

表 2-2　　　　　　　　　　　　　　　圆弧燕尾评分标准

班级：_____　　姓名：_____　　学号：_____　　成绩：_____

序号	技术要求	配分	评分标准	自检记录	交检记录	得分
1	涂色薄而均匀	5	总体评分			
2	图形分布合理	5	分布不合理不得分			
3	线条清晰	15	每处缺陷扣 2 分			
4	线条无重复	15	每处缺陷扣 2 分			
5	尺寸公差为 ±0.3mm	24	每超差一处扣 2 分			
6	圆弧连接处光滑	12	每处缺陷扣 3 分			
7	冲眼分布合理、正确	5	每处缺陷扣 2 分			
8	正确选用工具、操作姿势正确	5	每处失误扣 1 分			
9	基准选择正确	4	不符合要求不得分			
10	安全文明生产	10	违者每次倒扣 2 分，严重者倒扣 5~10 分			

知识链接

1. 专业数学计算知识

（1）常用长度单位及换算。法定计量单位的长度基本单位为米（m）。

1 分米（dm）=10^{-1}m

1 厘米（cm）=10^{-2}m

1 毫米（mm）=10^{-3}m

1 丝米（dmm）=0.1mm

1 忽米（cmm）=0.01mm（习惯上叫一丝）

1 微米（μm）=0.001mm

英制长度单位包括码（yd）、英尺（ft）和英寸（in）等。

1yd=3ft   1ft=12in   1in=25.4mm   1mm=0.03937in

应当注意，将 1in 分成 8 等份，每等份为 1/8in，我国工厂中将 1/8in 读作"1 分"。

（2）三角函数的计算。

角 A 的正弦 $\sin A = \dfrac{a}{c} = \dfrac{对边}{斜边}$

角 A 的余弦 $\cos A = \dfrac{b}{c} = \dfrac{邻边}{斜边}$

角 A 的正切 $\tan A = \dfrac{a}{b} = \dfrac{对边}{邻边}$

角 A 的余切 $\cot A = \dfrac{b}{a} = \dfrac{邻边}{对边}$

如图 2-14 所示，根据勾股定理，在任一直角三角形中，$c^2 = a^2 + b^2$。

2. 找正

对于毛坯工件，划线前一般要先做好找正工作。找正就是利用划线工具使工件上有关的毛坯表面处于合适的位置。

例：轴承支座毛坯的找正（见图 2-15），内孔与外圆不同心，底面和上平面 A 不平行，划线前应找正。在划内孔加工线之前，应先以外圆为找正依据，用单脚划规找出其中心，然后按求出的中心划出内孔的加工线，这样内孔与外圆就可达到同心要求。在划轴承支座底面之前，同样应以上平面（不加工平面 A）为依据，用划线盘找正成水平位置，然后划出底面加工线，这样底座各处的厚度就比较均匀。

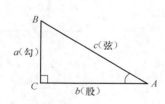

图 2-14　勾股定理

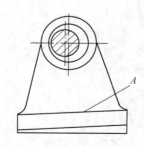

图 2-15　轴承支座的找正

3. 划针用法

划针的用法如图 2-16 所示。

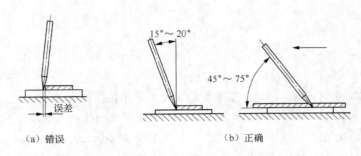

（a）错误 　　　　　　　　　　　　（b）正确

图 2-16　划针的用法

4. 划规用法

划规的用法如图 2-17 所示。

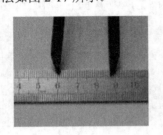

图 2-17　划规的用法

5. 样冲的使用

样冲的使用方法如图 2-18 所示。

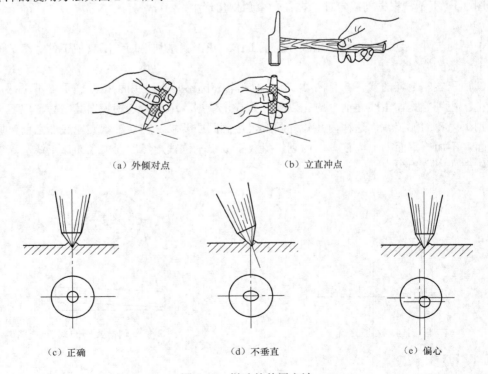

（a）外倾对点 　　　　　　　　　　（b）立直冲点

（c）正确 　　　　　　　　（d）不垂直 　　　　　　　（e）偏心

图 2-18　样冲的使用方法

6. 安全文明生产

（1）划线场地应明亮、整洁。

（2）工作时，操作姿势正确。

（3）打样冲眼时，不可用力过大，以免产生过大凹痕。

（4）划针不用时要套上塑料管，不能插在衣袋中。

（5）划线盘不用时，应使划针处于直立状态。

（6）划线工具和设备使用完后，应及时进行清理，擦拭干净，涂上机油防锈，并妥善保管。

习题与思考

1. 划线除要求划出的线条＿＿＿＿＿外，最重要的是要保＿＿＿＿＿准确。

2. 划线基准选择的基本原则是应尽可能使＿＿＿＿＿与＿＿＿＿＿相重合。

3. 简述划线的作用。

4. 划线基准有哪三种基本类型？

5. 现有一个圆环毛坯，其外圆为$\phi 69\text{mm}$、内孔为$\phi 25\text{mm}$。由于铸造缺陷，使得其内外圆圆心偏移了5mm。现要求加工成内孔为$\phi 32\text{mm}$，外圆为$\phi 62\text{mm}$。试用1∶1的比例画图并计算借料的方向和尺寸。

6. 对如图2-19所示的划线样板进行划线。

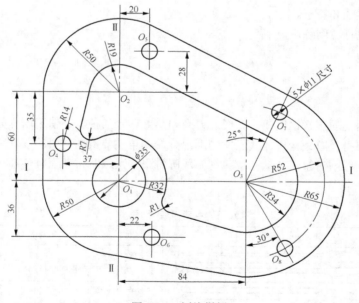

图2-19　划线样板

项目三　錾削姿势练习

项目任务

　　錾削是用手锤捶打錾子对工件进行切削加工的操作方法。錾削是钳工较为重要的基本技能之一，主要用在不便于机械加工的零件和材料方面，如去除毛刺、凸缘、平面、分割材料、錾切油槽等。同时，錾削练习可以训练手锤敲击的力度和准确性，以便为今后装拆机械设备打下扎实的基础。

錾削姿势练习，如图 3-1 所示。

（a）用锤子进行锤击　　　　（b）用无刃口錾子进行錾削　　　　（c）錾平凸台面

图 3-1　錾削姿势

【知识目标】
（1）掌握錾削加工的概念及特点。
（2）了解錾子的种类及应用。
（3）了解常用錾削工具。

【技能目标】
（1）能握好錾子和锤子。
（2）能正确进行錾削练习。

相关工艺知识

1. 錾子

錾子一般是用优质碳素钢锻成，并经过刃磨和热处理。其种类及使用场合如表 3-1 所示。錾子由切削部分、錾身及錾头构成。錾子的切削部分的楔角主要根据材料的硬软来决定。錾身一般做成八棱形，防止錾削时錾子转动；錾头则做成圆锥形，顶端略带球面，使锤击时的作用力易与刃口的錾切方向一致。

表 3-1　　　　　　　　　　　　　　　錾子的种类及使用场合

名　　称	简　　图	特点及用途
扁錾		切削部分扁平，切削刃略带圆弧，常用于錾切平面，去除凸缘、毛边或分割材料
尖錾		切削刃较短，切削部分的两个侧面从切削刃起向柄部逐渐变窄，主要用于錾槽和分割曲线形板料
油槽錾		切削刃短，并呈圆弧形或菱形，切削部分常做成弯曲状，主要用来錾削润滑油槽

2. 錾削姿势

（1）錾削站立的姿势。为了能够发挥较大的敲击力量，操作者必须保持正确的站立位置（见图 3-2）。左脚跨前半步，两腿自然站立，人体重心稍微偏向后方，视线要落在工件的切削部分。

提示

站立姿势歌谣：

台虎钳子左侧站，体与钳中成四五。

左迈半步稍弯曲，右脚站稳不用力。

两脚间距叁佰整，左成叁拾右柒五。

左握錾子右挥锤，上身倾斜紧跟随。

不紧不怕心不慌，每锤都击顶中央。

（2）錾子的握法。

① 正握法。手心向下，腕部伸直，用中指、无名指握住錾子，小指自然合拢，食指和大拇指自然伸直地松靠，錾子头部伸出约 20mm，如图 3-3（a）所示。

② 反握法。手心向上，手指自然捏住錾子，手掌悬空，如图 3-3（b）所示。

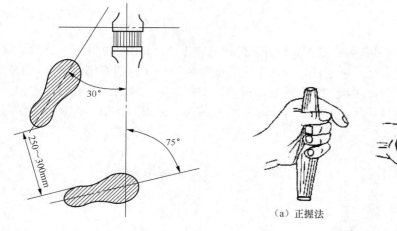

图 3-2　錾削时的站立位置

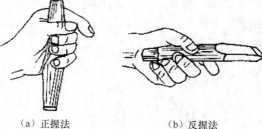

（a）正握法　　　　　（b）反握法

图 3-3　錾子的握法

3. 锤子的握法

（1）锤子。锤子也称锤头，是钳工常用的敲击工具，它由锤头、木柄和楔子组成，如图 3-4 所示。

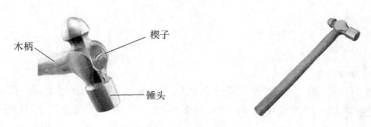

图 3-4　锤子

锤头由碳素工具钢制成，并经淬硬处理。锤子的规格用其质量大小表示，如 0.25kg、0.5kg 和 1kg 等。锤子的木柄用硬而不脆的木材制成，如檀木、胡桃木等。手握处的断面应为椭圆形，以便锤头定向，准确敲击。木柄装在锤头中，必须稳固可靠，如在端部打入带倒刺的铁楔子，就不易松动了，可防止锤头脱落造成事故。

（2）紧握法。右手五指紧握锤柄，大拇指合在食指上，虎口对准锤头方向，木柄尾露出15～30mm，在挥锤和锤击过程中，五指始终紧握，如图3-5所示。

（3）松握法。只用大拇指和食指始终握紧锤柄。在挥锤时，小指、无名指和中指依次放松；在锤击时，又以相反的次序收拢握紧，如图3-6所示。

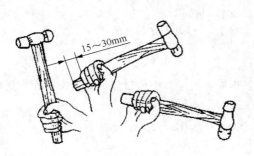 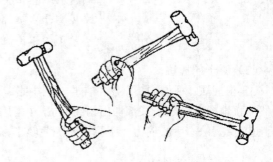

图3-5　紧握法　　　　　　　　　　　　　　图3-6　松握法

（4）挥锤方法。錾削时的挥锤有腕挥、肘挥和臂挥三种方法，如图3-7所示。腕挥是仅用手腕的动作进行捶击运动，采用紧握法，一般用于錾削余量较小及錾削开始或结尾；肘挥是用手腕与肘部一起挥动做捶击运动，采用松握法握锤，因挥动幅度较大，故捶击力也较大，这种方法应用最多；臂挥是手腕、肘和全臂一起挥动，其捶击力最大，用于需要大力錾削的场合。

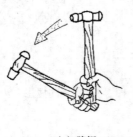  

（a）腕挥　　　　　　　　　（b）肘挥　　　　　　　　（c）臂挥

图3-7　挥锤方法

项目实施

操作一　打呆錾子

如图3-1（a）所示，将"呆錾子"夹紧在台虎钳中间，进行1h锤击练习。前半小时左手不握錾子，进行站立姿势、挥锤和捶击练习。后半小时左手按正握法要求握住錾子，进行挥锤和捶击练习；采用松握法握锤，挥锤方法为肘挥，达到站立姿势、挥锤动作基本正确，有较高的命中率。

操作二　打无刃口錾

如图3-1（b）所示，进行无刃口錾子錾削练习2h。将台阶铁夹在台虎钳中间，下面垫好衬木，用无刃口錾子对凸肩部分进行模拟錾削练习。统一采用正握法握錾，松握法握锤，挥锤方法为肘挥。要求站立姿势、挥锤方法、挥锤动作正确，捶击力量逐步加强。

> **注意**
>
> （1）采用正握法握錾子时，自然地将錾子握正、握稳，倾斜角保持在35°左右，眼睛视线对着工件的錾削部位，不可对着錾子头部。同时，左手握锤子时，前臂要平等于钳口，肘部不要下垂或抬高过多。
>
> （2）采用松握法握锤时，锤子捶击力的作用方向与錾子轴线方向要一致，否则容易敲到手。挥锤时，锤子应向上举而不是向后挥，挥动幅度要适当，捶击要有力。

操作三 錾平凸台面练习

当握錾、挥锤、捶击力量和錾削姿势达到能适应錾削练习时，用已刃磨的扁錾将长方铁凸台錾平，如图3-1（c）所示。

项目测评

錾削姿势练习的评分标准如表3-2所示。

表3-2 錾削姿势练习的评分标准

班级：＿＿＿＿ 姓名：＿＿＿＿ 学号：＿＿＿＿ 成绩：＿＿＿＿

序号	技术要求	配分	评分标准	自检记录	交检记录	得分
1	工件夹持位置正确	6	目测			
2	握錾方法正确、自然	10	目测			
3	站立位置和姿势正确、自然	16	目测			
4	錾削角度控制稳定	10	目测			
5	錾削视线方向正确	8	目测			
6	握锤方法正确、自然	10	目测			
7	挥锤动作正确、锤击有力	16	目测			
8	捶击落点正确、命中率高	14	目测			
9	安全文明生产	10	违者不得分			

知识链接

1. 捶击要领

（1）挥锤。肘收臂提，举锤过肩，手腕后弓，三指微松；锤面朝天，稍停瞬间。

（2）捶击。目视錾刃，臂肘齐下，收紧三指，手腕加劲；锤錾一线，锤走弧形；左脚着力，右腿伸直。

（3）要求。稳——节奏平衡；准——捶击准确；狠——捶击有力。

2. 錾削安全常识

（1）发现锤子有松动或损坏时，要立即装牢或更换；木柄上不应沾有油，以免使用时滑脱。

（2）錾削时要防止錾屑飞出伤人，前面应对着防护网。

（3）刃口应保持锋利，头部毛刺要及时磨去。

（4）錾屑不得用手擦或用嘴吹，而应用毛刷清除。

（5）錾削时应注意使作用力朝向固定钳身，避免造成丝杠各螺母的损坏。

（6）锤子放置在钳台上时，锤柄不可露在外面，以免掉下砸伤脚。

习题与思考

1．錾子一般用_____锻成，它的切削部分刃磨成楔形。按其用途不同，錾子可分为_____錾、_____錾、_____錾。

2．手锤手握处的断面为什么是椭圆形？

3．简述錾削时的安全注意事项。

项目四　平面錾削

项目任务

图 4-1 所示为立方体棒料的零件图，图 4-2 所示为其实物图。试按图样要求完成錾削加工。

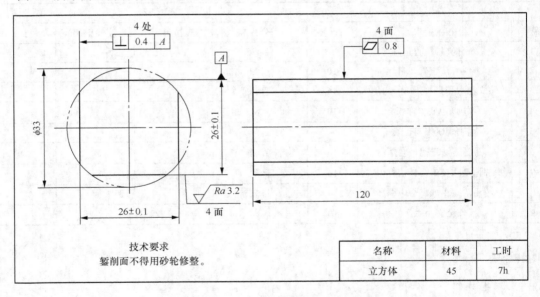

名称	材料	工时
立方体	45	7h

技术要求
錾削面不得用砂轮修整。

图 4-1　立方体棒料的零件图

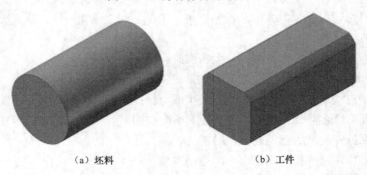

（a）坯料　　　　　（b）工件

图 4-2　立方体棒料的实物图

【知识目标】

了解扁錾的切削角度。

【技能目标】

（1）巩固正确的錾削姿势，并提高捶击的准确性及捶击力量。

（2）能对扁錾进行刃磨。

（3）能对錾子进行热处理。

（4）能对平面进行錾削，并能控制一定的精度。

相关工艺知识

1. 錾削时錾子必须具备的两个基本条件

（1）切削部分的材料硬度要比工件的材料硬度高。因此，錾子切削部分必须经过热处理淬硬。

（2）切削部分必须呈楔形（尖劈形）。因此，切削部分必须进行刃磨才能经常保持锋利。

除上述基本条件外，还必须合理选择錾子切削部分的几何角度，以及錾子切削时所处的正确位置等。

2. 錾子切削时的几何角度

錾削时，錾子和工件之间应形成适当的切削角度。图 4-3 所示为錾削平面时的情况。

錾削角度的定义、作用及大小选择分别如表 4-1、表 4-2 所示。

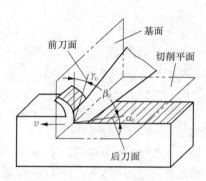

图 4-3 錾削角度

表 4-1	錾削角度的定义及作用		
錾削角度	作 用		定 义
楔角 β_0	楔角小，錾削省力，但刃口薄弱，容易崩损；楔角大，錾削费力，錾削表面不易平整。通常根据工件材料软硬选取楔角适当的錾子		錾子前刀面与后刀面之间的夹角
后角 α_0	减少錾子后刀面与切削表面的摩擦，使錾子容易切入材料。后角大小取决于錾子被掌握的方向，其对錾削的影响如图 4-4 所示		錾子后刀面与切削平面之间的夹角
前角 γ_0	减小錾屑变形，使錾削轻快。前角越大，錾削越省力		錾子前刀面与基面之间的夹角

表 4-2	选用錾子或使用錾子时对几何角度的考虑		
工件材料	楔角 β_0	后角 α_0	前角 γ_0
工具钢、铸铁等硬材料 结构钢等中等硬材料 铜、铝、锡等软材料	$60°\sim70°$ $50°\sim60°$ $30°\sim50°$	$5°\sim8°$	$\gamma_0=90°-(\beta_0+\alpha_0)$

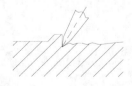

（a）后角过大

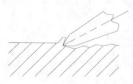

（b）后角过小

图 4-4 后角大小对錾削的影响

3. 錾削方法

（1）起錾。起錾方法如图 4-5 所示，一般先从工件边角处起錾，将錾子尾部略向下倾斜，锤击力较小，先錾切出一个约 45° 小斜面后，缓慢地把錾子移向工件中间，然后按正常錾削角度进行錾削。

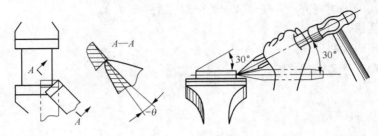

图 4-5　起錾方法

（2）錾削平面。錾削平面时一般用扁錾，后角 α_0 常在 5°～8° 取值。錾削过程中，一般每錾削两三次后，可将錾子退回一些，稍做停顿，然后再将刃口顶住錾削处继续錾削；每次錾削材料厚度为 0.5～2mm。

在錾削较宽的平面时，一般先用尖錾以适当间隔开出工艺直槽，然后用扁錾将槽间凸起部分錾平，如图 4-6 所示。

在錾削较窄的平面时，錾子切削刃与錾削前进方向倾斜一个角度，如图 4-7 所示，使切削刃与工件有较多的接触面，这样錾削过程中易使錾子掌握平稳。

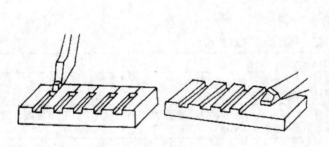

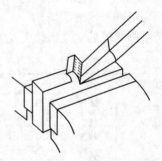

图 4-6　錾削较宽平面　　　　　　　　　　图 4-7　錾削较窄平面

（3）终錾。终点时的正确錾削方法如图 4-8（a）所示。当錾削快到终点时，要防止工件边缘材料的崩裂，尤其是錾铸铁、青铜等脆性材料时要特别注意，当錾削到距离终点 1～1.5mm 时，必须调头錾去余下的部分，如果不调头就容易使工件的边缘崩裂，如图 4-8（b）所示。

（a）后角过大　　　　　　　　　　（b）后角过小

图 4-8　终点时的錾削

项目实施

1. 錾子的刃磨

在錾削过程中，扁錾将逐渐被磨损，切削性能降低，这对錾削加工质量、成本和生产率都有极大影响。因此，对于已经钝化的扁錾进行及时正确的刃磨是非常重要的。

（1）扁錾的刃磨要求。扁錾的几何形状及合理的角度值要根据用途及加工材料的性质而定。

切削刃要与扁錾的几何中心线垂直，且应在扁錾的对称平面上。扁錾的切削刃可略带弧形，其作用是在平面上錾去微小的凸起部分时，切削刃两边的尖角不易损伤平面的其他部分。前、后刀面要平整，如图4-9所示。

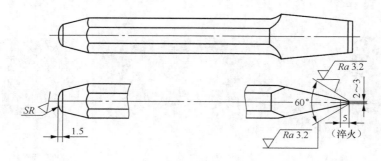

图4-9 錾子

（2）錾子的刃磨步骤如下。

操作一 启动砂轮，等待其旋转平稳。

操作二 站立在砂轮的左斜侧位置。

操作三 双手握住錾子，右手在前、左手在后，前翘握持。具体方法是：左手大拇指和食指成蟹钳状捏牢錾子头部；右手大拇指在上，其余四指在下握紧錾身，如图4-10（a）所示。

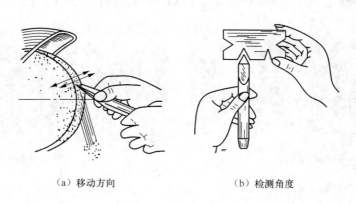

（a）移动方向　　　　　（b）检测角度

图4-10 刃磨

操作四 将錾子轻轻接触旋转着的砂轮，使切削刃略高于砂轮中心，并调整好刃磨位置。

操作五 刃磨錾子前、后刀面，并在砂轮全宽上左右来回平稳地移地，如图4-10（a）所示。

操作六 对前、后刀面交替刃磨，磨到两面平整、錾刃平齐、楔角为所需錾切角度为止。

操作七 刃磨后要对楔角进行检查，可用专用角度样板或万能角度尺测量，如图4-10（b）所示。

> **注意** 錾子刃磨时左右移动要均匀，防止刃口倾斜；加在錾子上的压力不宜过大；同时要经常浸入水中冷却，以防过热退火。

2. 工件的錾削

操作一 錾削第一面

以圆柱素线为基准划出29.5mm高度的平面加工线，然后按线錾削。錾削要达到平面度要求。如图4-11所示。

操作二 錾削第二面

以第一面为基准，划出26mm的对面加工线，按线錾削，并达到平面度和尺寸公差要求，如图4-12所示。

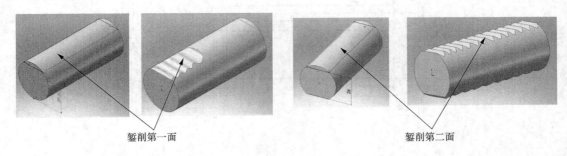

錾削第一面　　　　　　　　　　　錾削第二面

图4-11　錾削第一面　　　　　　　　　　　图4-12　錾削第二面

操作三 錾削第三面

分别以第一面及一端面为基准，用90°角尺划出距顶面素线3.5mm并与第一面垂直的平面加工线，按线錾削，达到平面度及垂直度要求，如图4-13所示。

操作四 錾削第四面

以第三面为基准，划出26mm的对面加工线，按线錾削，达到平面度、垂直度及尺寸公差要求，如图4-14所示。

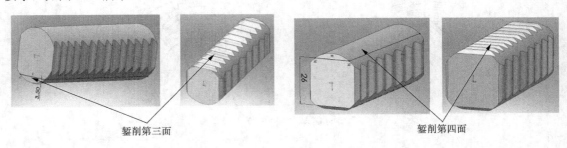

錾削第三面　　　　　　　　　　　錾削第四面

图4-13　錾削第三面　　　　　　　　　　　图4-14　錾削第四面

项目测评

（1）刃磨錾子的评分标准如表4-3所示。

（2）立方体錾削的评分标准如表4-4所示。

表 4-3　　　　　　　　　　刃磨錾子的评分标准

班级：_____　姓名：_____　学号：_____　成绩：_____

序号	技术要求	配分	评分标准	自检记录	交检记录	得分
1	刃磨姿势正确	25	目测			
2	楔角	20	样板检测不得超差			
3	前、后刀面	25	光滑平整			
4	切削刃	20	目测			
5	安全文明生产	10	违者不得分			

表 4-4　　　　　　　　　　立方体錾削评分标准

班级：_____　姓名：_____　学号：_____　成绩：_____

序号	技术要求	配分	评分标准	自检记录	交检记录	得分
1	26±0.1mm	10	超差不得分			
2	26±0.1mm	10	超差不得分			
3	⊥ 0.6	4×5	超差不得分			
4	▱ 0.8	4×5	超差不得分			
5	√ Ra 25	20	超差不得分			
6	安全文明生产	10	违者不得分			

知识链接

錾子的热处理过程　　錾子经锻制成型且粗磨后，必须进行淬火和回火后方可使用。淬火时把已粗磨的錾子切削部分约 20mm 长的一端加热至 760℃～780℃（呈暗橘红色，如图 4-15（a）所示）后，迅速把錾子垂直地放入水中冷却，浸入水中 5～6mm，并将錾子沿着水面缓慢移动，由此造成水面波动，使淬硬与不淬硬部分不会有明显的界限，避免錾子在此界限处断裂，如图 4-15（b）所示。冷却錾子至其露出水面部分呈黑色时，由水中取出，完成淬火，如图 4-15（c）所示。接下来利用錾子的余热进行回火处理，首先迅速擦除前、后刀面上的氧化层和污物，然后观察切削部分氧化膜的颜色来判断上端余热使刃部温度回升的程度，如图 4-15（d）所示。錾子刚出水面时，呈白色，随后由白色变为黄色，再由黄色变为蓝色，这时把錾子全部浸入水中，冷却至室温。整个回火的过程中，錾子颜色由白变黄，再由黄变蓝，时间很短，一般为 3～5s，所以要把握好时机。

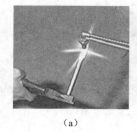　　　

（a）　　　　　　　　（b）　　　　　　　　（c）　　　　　　　　（d）

图 4-15　錾子的热处理过程
颜色变化规律：黑色→白色→黄色→红色→深蓝色→浅蓝色

注意	錾子淬火时的回火颜色		
	氧化膜颜色	对应的温度/℃	冷却后的效果
	白色	200	很硬，相当脆
	黄色	230	
	红色	270	硬度稍低，韧性较好
	深蓝色	290	硬度较低，韧性好
	浅蓝色	340	

錾子通常在深蓝色时冷却回火，俗称"淬蓝火"。

习题与思考

1. 錾削时，錾子的楔角一般取_____。
2. 錾削时形成的切削角度有前角、后角和楔角，三角之和_____。
3. 简述平面錾削时起錾的方法。
4. 简述刃磨扁錾时的操作要领。

项目五　锯削板材

项目任务

图 5-1 所示为四方体零件图。该工件两个侧面经平面锯削而成。通过锯削练习，掌握锯削的基本技能。练习过程中，应注意与前面所学的基本技能知识联系起来，融会贯通，充分利用划线和测量保证锯削精度要求。

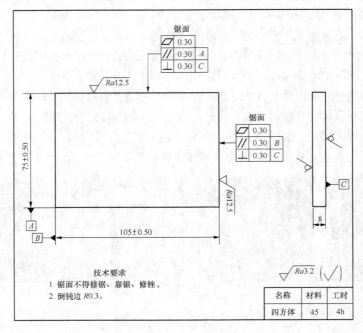

图 5-1　四方体零件图

【知识目标】

（1）了解手锯的组成。

（2）了解锯条的规格及选用。

【技能目标】

（1）能进行正确的锯削练习。

（2）能对锯削质量进行简单的检查。

（3）掌握锯削的安全注意事项。

相关工艺知识

锯削是利用手锯对材料或工件进行切断、切槽或去除多余材料的加工方法。通常应用于较小材料或单件生产等场合，如图 5-2 所示。

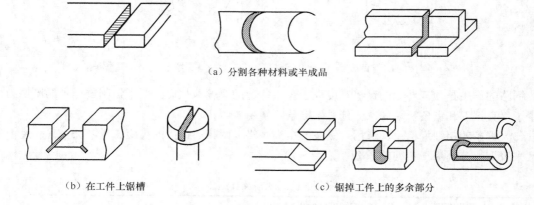

（a）分割各种材料或半成品

（b）在工件上锯槽　　　　　　　　　　（c）锯掉工件上的多余部分

图 5-2　锯削的工作范围

1. 锯弓

钳工用的锯弓用于安装和张紧锯条，有固定式和可调节式两种，如图 5-3 所示。固定式锯弓能安装标准长度的一种锯条（通常为 300mm）；可调节式锯弓的安装销距离可以调节，可安装不同规格的几种锯条。

（a）固定式　　　　　　　　　　　　　（b）可调节式

图 5-3　锯弓的形式

2. 锯条

锯条在锯削时起切削作用，一般用渗碳钢冷轧而成。其长度规格是以两安装孔中心距来表示的，常用的长度为 300mm。

（1）锯齿的切削角度。锯条的切削部分由许多按一定齿距均匀分布的锯齿组成，每个齿相当于一把錾子，起切割作用。常用锯条的前角 γ_0 为 0°，后角 α_0 为 40°～50°，楔角 β_0 为 45°～50°，如图 5-4 所示。

（2）锯路。在制造锯条时，使锯齿按一定规律左右错开，排列成一定的形状，称为锯路。锯路有交叉形（J 形）和波浪形（B 形）等，如图 5-5 所示。通常将粗齿锯条的锯路制成 J 形，而中齿或细齿锯条制成 B 形。

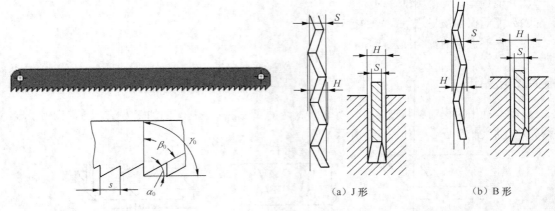

图 5-4　锯齿的切削角度

（a）J 形　　　（b）B 形

图 5-5　锯条的锯路

锯路的作用是使工件上的锯缝宽度大于锯条背部的厚度，从而降低了锯削过程中的摩擦力，减少了"夹锯"和锯条折断现象，延长了锯条的使用寿命。

（3）锯条的粗细规格及其选用。锯条的粗细规格以两相邻锯齿的齿距 s 或以 25mm 长度内的齿数来表示，分别用于不同的场合（见表 5-1）。

表 5–1　　　　　　　　　　　锯条的粗细规格及其选用

类别	齿距/mm	每 25mm 长度内的齿数	应　用
粗	1.4～1.8	14～18	锯削软钢、黄铜、铝、铸铁、紫铜、人造胶质材料
中	1.2	22～24	锯削中等硬度钢、厚壁的钢管、铜管
细	0.8～1	32	薄片金属、薄壁管子
细变中	0.8～1.25	32～20	一般工厂中用，易于起锯

3. 锯削姿势

（1）手锯的握法。如图 5-6 所示，右手满握锯柄，大拇指自然放在食指上方，不要压食指，左手在锯削的整个过程中始终轻扶，不可施力，在锯削的推程和回程中，用右手控制其方向和作用力大小，左手只是辅助作用。

（2）姿势。锯削时，两手握持锯弓，使锯条前端接触工件，左腿在前稍弯，右腿在后蹬直，身体稍前倾（10°左右，并与台虎钳中心线大致成 45°），腰部挺直，靠身体发力。整个锯削过程中，头部要摆正，眼看手锯正上方，防止偏头从一侧去观看，以保持正确的锯削姿势。

（3）推、拉运动。锯削运动一般分为两种。一种是直线往复式，这种方式能使锯弓在整个推拉过程中保持水平

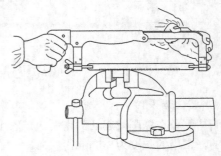

图 5-6　手锯的握法

面内的直线运动，因此易于保持锯削质量，但容易疲劳。另一种是小幅度摆动式，具体操作过程为：手锯推进，身体发力向前倾，身体变低，迫使右手随之下压，左手上翘；回程时，身体复位，重心变高，右手随之收回而上抬，左手下压而跟回复位，从而完成一个切削过程。采用小幅度摆动时，能够有效地将身体、手臂和手加以协调，有效减小了锯削过程中的疲劳程度，提高了锯削效率，因此应用较为广泛。

（4）压力。锯削运动时，推动力和压力用右手控制，左手主要是配合右手扶正锯弓。锯削时，压力不要过大，应以前推力为主。由于锯条为单向切削工具，故在推程时应稍施加压力，在拉回时不切削，不要加压力而自然收回，否则只会增加锯齿的磨损。

（5）速度。锯削速度不宜过快，一般保持在 40 次/min 左右，软材料的锯削可适当快些，硬材料的锯削需放慢速度，必要时可加入切削液以减轻锯条的磨损。锯削过程中应尽量保持匀速切削，返程时速度相应快一些。锯削时应充分利用锯条的有效全长进行切削，避免局部磨损过大，以延长锯条的使用寿命，一般锯削行程不小于锯条全长的 2/3。

4. 锯削工艺

（1）工件的装夹。为防止工件在锯削时产生振动，工件伸出钳口不应过长，一般锯缝离开钳口侧面约 20mm，如图 5-7 所示。锯缝线应与钳口侧面保持平行，以便于保证锯削精度。

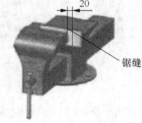

图 5-7 工件的装夹位置

（2）锯条的安装。锯条的安装方向需正确，如图 5-8 所示，否则将影响正常的切削加工。调节翼形螺母时，张紧力应适当，如过紧，锯条受力太大，容易折断；如过松，锯条会产生扭曲现象，造成锯缝歪斜。

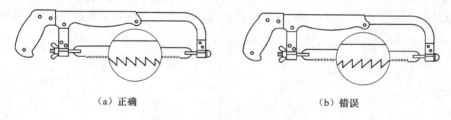

（a）正确　　　　　　（b）错误

图 5-8 锯条的安装方向

（3）起锯方法。起锯是锯削工作的开始，目的是保证锯缝与锯割线位置相一致。起锯方式有远起锯和近起锯两种，如图 5-9 所示。起锯时，用左手拇指压在工件锯割线位置的表面上，拇指端顶在锯条的侧面上，靠住锯条，同时右手握持锯弓，使锯弓的切平面与工件的表面保持为 10°～15° 的起锯角，如图 5-10（a）所示。若起锯角选择较大，则起锯不易平衡，尤其在近起锯时容易产生崩齿现象，如图 5-10（b）所示；若起锯角选择得较小，锯条与工件同时接触的锯齿较多，容易引发锯条偏移，降低起锯精度。所以，要使锯条放在正确的锯削位置上，并做到"短行程、小压力、慢速度"。

（4）锯削过程。锯削过程如图 5-11 所示。锯削时，右腿站直，左腿略微弯曲，身体前倾 10°左右，重心落于左腿。双手正确握住锯弓，左臂略微弯曲，右臂尽量向后收，保持与锯削方向平行，如图 5-11（a）所示。

向前锯削时，身体与锯弓一起向前运动，左腿向前弯曲，右腿伸直向前倾，重心落于左腿，如图 5-11（b）所示。

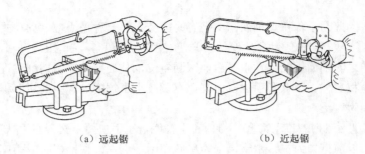

（a）远起锯　　　　　　　　　　　　　（b）近起锯

图 5-9　起锯方式

（a）起锯角正确　　　　　　　　　　　　（b）起锯角较大

图 5-10　起锯角

随着锯弓行程的继续推进，身体倾斜角度随之增大，这时身体前倾 18°左右，如图 5-11（c）所示。

当锯弓推进约 3/4 行程时，身体停止前进，两臂继续推动锯弓向前运动，慢慢地将身体重心后移，锯削行程结束后，取消压力，将手和身体恢复到初始位置，准备进行第二次锯削，如图 5-11（d）所示。

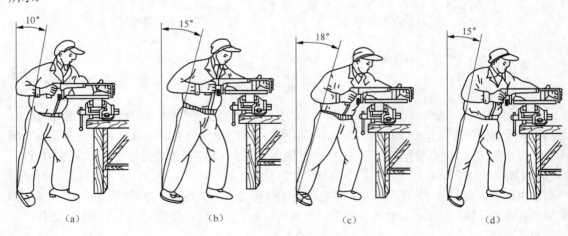

（a）　　　　　　　　（b）　　　　　　　　（c）　　　　　　　　（d）

图 5-11　锯削过程

项目实施

1. 锯削板材练习

按图 5-12 所示的板材进行锯削练习。

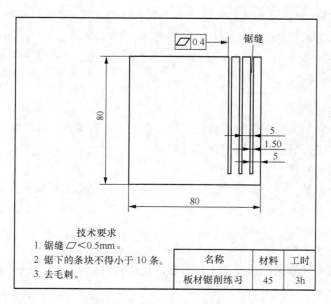

技术要求
1. 锯缝 ▱<0.5mm。
2. 锯下的条块不得小于 10 条。
3. 去毛刺。

名称	材料	工时
板材锯削练习	45	3h

图 5-12　板材锯削练习

操作一　安装锯条

锯条安装时要注意两点：一是锯齿向前；二是锯条松紧要适当。

> **注意**　锯条安装好后应检查是否与锯弓在同一个中心平面内，不能有歪斜和扭曲，否则锯削时锯条易折断且锯缝易歪斜。同时用右手拇指和食指抓住锯条轻轻扳动，锯条没有明显晃动时，松紧即为适当。

操作二　工件划线

用钢尺和划针在毛坯表面划出若干个间隔 5mm、宽 1mm 的锯缝线。

操作三　夹持工件

工件一般应夹在台虎钳的左面，以便操作；工件伸出钳口 20mm 左右即可。

操作四　练习握锯

右手握稳锯柄，左手扶在锯弓前端。

操作五　练习站立姿势

锯削与錾削时的站立姿势相似，人体重量均分在两腿上。随着锯削的进行，身体重心在左右两腿间自然轮换，要保持身体、动作的协调自然。

操作六　起锯

起锯是锯削工作的开始，其好坏直接影响锯削质量。一般情况采用远起锯。为了起锯位置正确且平稳，可竖起左手大拇指用指甲挡住锯条来定位。

操作七　锯削

要保证锯削质量和效率，必须有正确的握锯姿势和站立姿势，锯削动作要协调、自然。手握锯弓要舒展自然，右手握住手柄向前施加压力，左手轻扶在锯弓前端。

注意
　　1. 开始锯削时应经常观察锯缝是否在所划锯缝线间。若发现偏斜，应及时调整锯弓位置以修正。若无法修正时，应将工件翻转 90° 重新起锯。
　　2. 锯削时眼睛要时刻注意观察锯条运行中是否垂直，否则需要调整站位或两手用力。
　　3. 锯削练习初期以直线运动为主。

操作八　检查锯削质量

根据图纸要求，测量所锯削条状板料的尺寸是否在误差范围内，并测量锯削面的平面度、垂直度和表面粗糙度，以分析自己锯削中存在的问题。

操作九　分析锯削质量

根据图纸锯削小钢板 3～5 条后，通过检查明确自己锯削去的材料存在的质量问题并分析原因，提出改进措施。

2. 锯削四方体

操作一　检查划线基准，用锉刀修整，如图 5-13（a）所示。

操作二　利用高度尺划出工件的加工轮廓线，最好同时划出一条 3mm 宽的锯路轮廓线，如图 5-13（b）所示。

操作三　起锯，并检查起锯精度，如图 5-13（c）所示，以保证加工尺寸的准确性。

操作四　锯削工件的两个面。锯削过程中要不断地观察锯削面是否平直，以便及时修正。

操作五　检查工件尺寸。

操作六　去除棱边毛刺，如图 5-13（d）所示。

（a）检查划线基准　　　　（b）划轮廓线　　　　（c）检查起锯精度　　　　（d）去毛刺

图 5-13　正方形工件的加工步骤

项目测评

四方体锯削的评分标准如表 5-2 所示。

表 5-2　　　　　　　　　　　　　　　四方体锯削的评分标准

班级：＿＿＿＿＿　姓名：＿＿＿＿＿　学号：＿＿＿＿＿　成绩：＿＿＿＿＿

序号	技术要求	配分	评分标准	自检记录	交检记录	得分
1	锯条安装正确	5	不合格不得分			
2	锯条安装得松紧合适	5	不合格不得分			
3	站立姿势正确	6	不合格不得分			
4	握锯方法正确	6	不合格不得分			
5	起锯方法正确	6	不合格不得分			

续表

序号	技术要求	配分	评分标准	自检记录	交检记录	得分
6	锯削动作正确	6	不合格不得分			
7	锯削速度正确	6	不合格不得分			
8	（105±0.50）mm	5	超差不得分			
9	（75±0.50）mm	5	超差不得分			
10	⟋ 0.30 （两处）	5×2	每处超差扣 5 分			
11	// 0.30 A	5	超差不得分			
12	// 0.30 B	5	超差不得分			
13	⊥ 0.30 C （两处）	5×2	每处超差扣 5 分			
14	$Ra \leqslant 12.5$mm（两处）	5×2	不合格不得分			
15	安全文明生产	10	违者不得分			

知识链接

1. **棒料的锯削**

棒料的锯削方式如图 5-14 所示，若棒料锯削端面平整度要求较高，则必须沿某一方向起锯，直至锯削结束为止；若端面平整度要求较低，可在锯条锯入工件一定深度后，将棒料转过一定角度重新起锯。

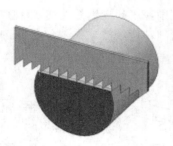 

（a）沿同一方向锯削　　　　　　（b）沿不同方向锯削

图 5-14　棒料的锯削

2. **圆管的锯削**

锯削圆管时应正确装夹工件，防止管子变形或表面质量下降，必要时可用 V 形木块作衬垫。其装夹方法如图 5-15 所示。

锯削圆管时应选用细齿锯条，锯削时需不断改变起锯方向，并保证将每更换一次起锯方向后锯入的深度控制为管子的壁厚，以防止锯齿被管壁钩住而造成崩齿现象，如图 5-16 所示。

3. **薄板的锯削**

锯削薄板时应选用细齿锯条，否则会因为板料界面较小，造成锯齿被钩住而产生崩齿现象。常用薄板的锯削方法如图 5-17 所示。

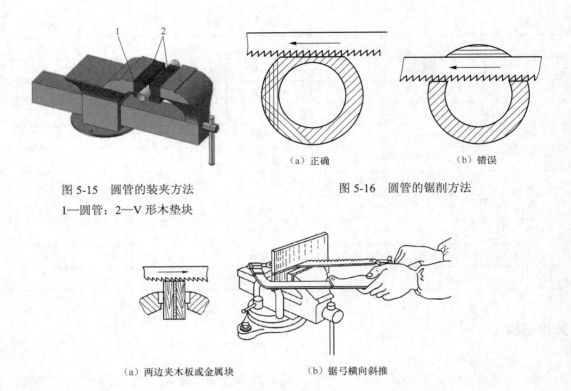

图 5-15　圆管的装夹方法

1—圆管；2—V 形木垫块

图 5-16　圆管的锯削方法

（a）正确　　　　　　（b）错误

（a）两边夹木板或金属块　　　　（b）锯弓横向斜推

图 5-17　薄板的锯削方法

4. 深缝的锯削

由于锯削时锯缝应尽可能保持一致，所以当锯削深度超过锯弓的切入深度时，有必要采用深缝锯削的方法，以保持锯缝的完整性和满足锯削精度的要求。深缝的锯削方法如图 5-18 所示。

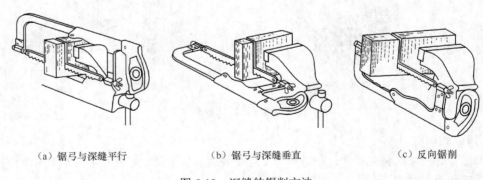

（a）锯弓与深缝平行　　　　　（b）锯弓与深缝垂直　　　　　（c）反向锯削

图 5-18　深缝的锯削方法

5. 锯条损坏的原因和预防方法（见表 5-3）

6. 锯齿崩裂后的处理

锯齿崩裂后，即使是一个齿崩裂，也不能继续使用。不然，后面的锯齿也会崩裂，如图 5-19（a）所示。为了使锯条能继续锯削下去，必须在砂轮上把崩裂的锯齿小心地磨掉，把后面的几个齿磨低些，如图 5-19（b）所示。这样处理后，锯条将仍可继续使用。

表 5-3　　　　　　　　　　　　　锯条损坏的原因和预防方法

锯条损坏形式	原　因	预　防　措　施
锯齿崩裂	1. 锯条的粗细选择不当，起锯方法不正确 2. 工件材质差，例如有砂眼、杂质等	1. 应根据工件材料的硬度和厚薄选择锯条的粗细 2. 起锯角要小，同时用力要小 3. 遇到砂眼、杂质时用力要小，速度减慢，避免突然加压
锯条折断	1. 锯条安装不当 2. 工件装夹不正确 3. 强行修正歪斜的锯缝 4. 用力太大或突然加压 5. 新换锯条在旧锯缝中受卡后被拉断	1. 锯条安装要平直，松紧要适当 2. 工件装夹要牢固，锯削线垂直于地面 3. 锯缝歪斜后，将工件调头再锯，如果不能调头时要逐步修正 4. 用力要适当、均匀 5. 要将工件调向锯削，若不能调向，要较轻慢地通过旧锯缝后再正常锯削
锯齿过早磨损	1. 锯削速度过快 2. 锯齿局部磨损	1. 锯削速度要适当 2. 拉宽锯幅，使锯条均匀磨损

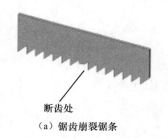

（a）锯齿崩裂锯条　　　　　　　（b）把相邻几齿磨斜

图 5-19　锯齿崩裂的处理

7. 锯削时产生废品的原因及预防方法

锯削时产生废品的原因有以下几种。

（1）由于锯条装得太松或没有使锯条与台虎钳外侧平行，造成断面歪斜，超出要求范围。

（2）由于划线不正确，而使尺寸锯小。

（3）起锯时左手大拇指未挡好或没到规定的起锯深度就急于锯削，使锯条跳出锯缝，拉毛工件表面。

预防产生废品的关键是：锯削时要仔细，不能粗心大意，精力不集中。只要重视，上述弊病就能避免。

8. 锯割时必须注意的安全技术

（1）必须注意，避免锯条折断时锯条从锯弓上跳出伤人。

（2）当锯削将完成时，必须用手扶着被锯下的部分，对较大的工件还要支撑，以免锯下的部分砸伤脚背。

习题与思考

1. 锯条的长度规格以_____来表示，常用的锯条长度有_____mm。

2. 什么叫锯条的锯路？它有什么作用？

3. 锯削管子和薄板材料时为什么容易崩齿？

项目六 锉削姿势练习

项目任务

锉削是钳工操作中一项重要的基本技能，锉削技能的高低，往往是衡量一个钳工技能水平高低的重要标志。通过锉削可以加工零件的内、外平面，内、外曲面，内、外角，沟槽以及各种形状复杂的表面。即使在现代工业生产条件下，还有许多工件需要用锉削来完成。所以锉削是钳工必须掌握的一项重要的基本操作技术。它是在錾、锯之后对工件进行的较高精度的加工，其加工精度可达 0.1mm，表面粗糙度 Ra 可达 0.8μm。另外，在装配过程中，也经常需要对有关装配零件进行锉削修整。

在槽钢和凸起的阶台上进行锉削姿势练习，要求掌握锉削姿势、锉刀的握法、两手的用力平衡、身体的协调等操作要领。

【知识目标】
（1）了解锉削的加工范围。
（2）了解锉刀的种类。

【技能目标】
（1）能使用锉刀进行锉削姿势练习。
（2）能使用刀口直尺和 90°刀口角尺进行直线度和平面度检验。
（3）能对锉刀进行简单保养。
（4）了解锉削的安全注意事项。

相关工艺知识

1. 锉刀

锉刀用 T 13 或 T 12 材料制成，经热处理后硬度可达 HRC62～72。

（1）锉刀的构造。如图 6-1 所示，锉刀由锉身和锉柄两部分组成，必须先装上木柄方可使用。锉刀面是锉削的主要工作面，其前端做成凸弧形，上下两面都有锉齿，便于进行锉削。锉刀边是指锉刀的两个侧面，有的没有齿，有的其中一边有齿。没有齿的一边叫光边，它可以在锉削内直角的一个面时，不伤着相邻面。

锉纹是锉齿排列的图案，有单锉纹和双锉纹两种，如图 6-2 所示。单锉纹是指锉刀只有一个方向的锉纹，由于全齿宽同时参与切削，需要较大切削力，因而适用于软材料的锉削。双锉纹是指锉刀上有两个方向排列的锉纹，这样形成的锉齿，沿锉刀中心线方向形成倾斜和有规律排列。锉削时，每个齿的锉痕交错而不重叠，锉面比较光滑，锉削时切屑是碎断的，比较省力，锉齿强度也高，适用于锉削硬材料。

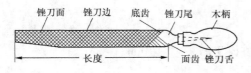

图 6-1 锉刀的构造

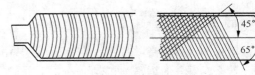

图 6-2 锉刀的锉纹

（2）锉刀柄的安装和拆卸。锉刀柄的安装和拆卸如图 6-3 所示。安装锉刀柄时应注意以下几点。

① 安装前应检查锉刀柄是否完整、无开裂，前端是否安装铁箍。

② 安装时应及时检查锉刀柄与锉刀之间的直线度，若锉刀柄安装歪斜，将影响锉削的平稳性。

③ 安装后应检查锉刀柄有无开裂现象，若开裂应及时更换，以防加工时刺伤手。

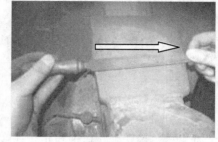

（a）锉刀柄的安装　　　　　　　　　　　（b）锉刀柄的拆卸

图 6-3　锉刀柄的安装和拆卸

（3）锉刀的种类。按用途不同，锉刀可以分为钳工锉、异形锉和整形锉 3 种。

① 钳工锉。按锉刀断面的形状又分为平锉、方锉、三角锉、半圆锉和圆锉 5 种，如图 6-4 所示。按齿纹的粗细分为粗齿锉、中齿锉、细齿锉、双细齿锉和油光锉 5 种。一般工厂分别称为 1 号纹、2 号纹、3 号纹、4 号纹和 5 号纹。

平锉　　　　　方锉　　　　　三角锉　　　　半圆锉　　　　圆锉

图 6-4　钳工锉断面形状

② 异形锉。用来锉削工件上的特殊表面，有弯的和直的两种，如图 6-5 所示。

图 6-5　断面不同的各种直的异形锉

③ 整形锉。主要用于修整工件上的细小部分。通常以多把不同断面形状的锉刀组成一组，如图 6-6 所示。

图 6-6　整形锉

（4）锉刀的规格。

① 尺寸规格。圆锉以其断面直径、方锉以其边长为尺寸规格，其他锉刀以锉身长度表示。常用的锉刀有 100mm、125mm、150mm、200mm、250mm 和 300mm 等几种。异形锉和整形锉的尺寸规格是指锉刀全长。

② 粗细规格。以锉刀每 10mm 轴向长度内的主要锉纹条数来表示，条数越多，锉刀越细。

（5）锉刀的选择。锉削加工时，正确选用锉刀是保证加工精度和提高加工效率的关键。同时，如果选择不当，也会过早地使锉刀丧失切削能力。在选用锉刀时，应从锉刀的形状、粗细和尺寸规格三方面综合考虑并加以选用。

① 锉刀形状的选用。锉刀形状的选择，一般取决于工件加工表面的形状，具体选用如图 6-7 所示。

② 锉刀粗细规格的选用。锉刀粗细规格的选用主要取决于工件材料的软硬、加工余量的大小、加工精度和表面粗糙度要求的高低。一般情况下，粗锉刀主要用于锉削软材料、加工余量较大、精度低和表面粗糙的工件；而细锉刀，一般用于硬度较大的铸铁、硬钢，以及加工余量小、精度要求高且表面要求光滑的工件，具体选用范围如表 6-1 所示。

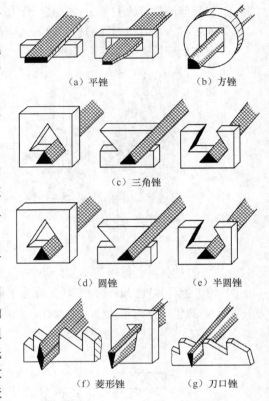

（a）平锉　　　　（b）方锉

（c）三角锉

（d）圆锉　　　　（e）半圆锉

（f）菱形锉　　　　（g）刀口锉

图 6-7　不同加工表面使用的锉刀

表 6-1　　锉刀粗细规格的选用

类　别	适 用 场 合		
	锉削余量/mm	尺寸精度/mm	表面粗糙度 $Ra/\mu m$
粗齿锉刀	0.5～1	0.2～0.5	50～12.5
中齿锉刀	0.2～0.5	0.05～0.20	6.3～3.2
细齿锉刀	0.1～0.3	0.02～0.05	6.3～1.6
双细齿锉刀	0.1～0.2	0.01～0.02	3.2～0.8
油光锉刀	0.1 以下	0.01	0.8～0.4

③ 锉刀尺寸的选用。锉刀大小的选用应根据工件加工面的大小而定：工件加工面的尺寸越大，则锉刀的尺寸也大；反之，应选用小规格的锉刀。特别对于内表面的锉削，其锉刀尺寸必须小于或等于加工表面的尺寸，否则无法进行锉削加工。

（6）工件的夹持。工件的夹持是否正确，将直接影响锉削的质量。因此夹持时应符合下列要求。

① 工件应尽量夹在台虎钳的中间，伸出部分不能太高，防止锉削时工件产生振动。特别是薄形工件。

② 工件夹持要牢固，但也不能使工件变形。

③ 对几何形状特殊的工件，夹持时要加衬垫，如圆形工件要衬 V 形块或弧形木板。

④ 对已加工表面或精密工件，夹持时要加软钳口，并保持钳口清洁。

2. 锉削姿势

（1）站位姿势。锉削时站立要自然，身体重心要落在左脚上；右膝伸直，左膝部呈弯曲状态，并随锉刀的往复运动而屈伸，如图 6-8 所示。

（2）握锉姿势。

① 右手握锉姿势。右手握锉姿势如图 6-9 所示。锉刀柄端抵在右手拇指根部的手掌上，大拇指放在锉刀柄上部，其余手指由下而上顺势握住锉刀柄。握锉时应注意不可将锉刀柄握死，用力点应落在掌心。

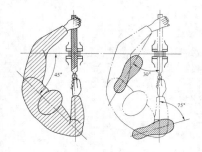

图 6-8　站位姿势

图 6-9　右手握锉姿势

② 左手握锉姿势。分大板锉和小板锉来介绍。

大板锉的握锉姿势常采用"压齿法"，如图 6-10 所示。左手掌面压住锉刀头部，手指自然弯曲放置。

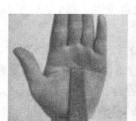

图 6-10　大板锉的握锉姿势

由于用压齿法锉削时左手作用于锉刀的力较大，产生的切削力较大，所以加工效率较高，但加工精度比较低，一般用于粗加工。

小板锉握锉姿势可分为两种。图 6-11 所示为扣齿法握锉姿势，左手食指和中指下弯曲扣住锉刀下表面，大拇指压在锉刀上表面上。锉削时，作用在工件表面上的切削力较小，能获得较好的表面质量，但锉面直线度精度比较难控制。所以，扣齿法一般用于锉面较小时的精加工场合。

图 6-12 所示为压齿法握锉姿势，大拇指、食指和中指一起压在锉刀上表面上，利用这种加工方法能获得比较高的加工精度，常应用于锉面较大时的精加工场合。

（3）锉削动作。正确的锉削姿势如图 6-13 所示。

① 起锉时，两手握住锉刀放在工件上面，左臂弯曲，小臂与工件锉削面的左右方向基本保持平行，右小臂要与工件锉削面的前后方向基本保持平行，身体略向前倾，与铅垂线保持 10° 左右的夹角，如图 6-13（a）所示。

图 6-11　扣齿法握锉姿势　　　　　　　　图 6-12　压齿法握锉姿势

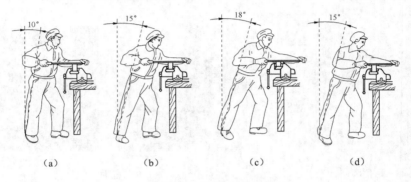

（a）　　　　　　（b）　　　　　　（c）　　　　　　（d）

图 6-13　正确的锉削动作

② 锉刀长度推进 1/3 行程时，身体前倾 15°左右，左膝稍有弯曲，如图 6-13（b）所示。

③ 锉至 2/3 时，身体前倾 18°左右，如图 6-13（c）所示。

④ 锉最后 1/3 行程时，右肘继续推进锉刀，但身体则须自然地退回至 15°左右，如图 6-13（d）所示。

⑤ 锉削行程结束时，手和身体恢复到原来姿势，同时将锉刀略微提起退回。

（4）锉削力。要锉出平直的平面，必须使锉刀保持平直的锉削运动。为此，锉削时应以工件为支点，掌握两端力的平衡，即右手的压力随锉刀推动而逐渐增加，左手的压力要随锉刀推动而逐渐减小，如图 6-14 所示。回程时不加压力，以减少锉齿的磨损。

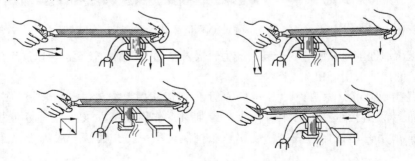

图 6-14　锉削时两手用力情况

（5）锉削速度。锉削速度一般约 40 次/min，推出时稍慢，回程时稍快，动作要自然协调。

3. 锉削质量检验

锉削时，需要满足加工质量的要求，通常包括锉削的平面度、垂直度、平行度、表面粗糙度以及相关的加工尺寸等。

（1）刀口形直尺的结构。刀口形直尺是用光隙法检测平面零件直线度和平面度的常用量具，其结构如图 6-15 所示。常用的规格有 75mm、125mm 和 175mm。

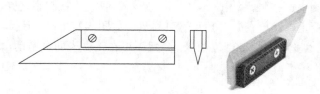

图 6-15　刀口形直尺的结构

（2）平面度的检查。锉削平面时，由于锉削面较小，其平面度一般采用刀口形直尺通过透光法检查，如图 6-16 所示。检查时，将刀口直尺的测量边垂直轻放在工件待测表面上，并置于光亮处，通过接触处透光的均匀性，断定平面在该方向上是否平直；若透光均匀且微弱，则说明该方向是平的；如果透光强弱不一，则光线强处平面凹，光线弱处平面凸。用该方法检查时，必须在被测平面的纵向、横向及对角线方向多处逐一测量，以确定平面上各个方向的直线度误差，从而保证整个平面的平面度合格。使用刀口形直尺时，应避免在工件表面上拖动，以免测量边磨损而引起测量误差。

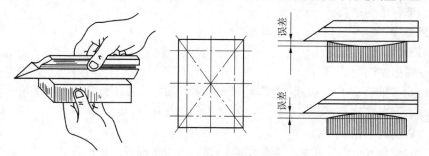

图 6-16　用透光法检验平面度

（3）90°角尺的结构及应用。角尺主要用于检验 90°角和测量垂直度误差，也可当作直尺测量直线度和平面度，还可用于检查机床仪器的精度和划线。常用的是刀口角尺。

（4）垂直度的检查。当锉削平面与有关表面有垂直度要求时，一般采用 90°角尺控制，其垂直度的检查方法如图 6-17 所示。

① 用 90°角尺检查工件垂直度前，应先用锉刀将工件的锐边倒棱，如图 6-18 所示。

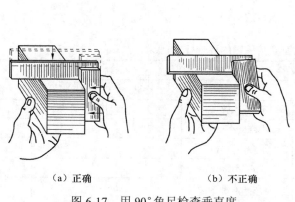

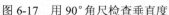

（a）正确　　　　　　　　（b）不正确

图 6-17　用 90°角尺检查垂直度

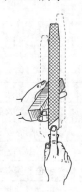

图 6-18　锐边倒棱方法

② 先将 90°角尺尺座测量面紧贴在工件基准面上，然后逐步轻轻向下移动，使 90°角尺尺座的测量面与工件的被测表面接触，如图 6-17（a）所示，眼睛平视观察透光情况，以此来判断工件被测面与基准面是否垂直。检查时，角尺不可斜放，如图 6-17（b）所示。

③ 在同一平面上改变不同的检查位置时，角尺不可在工件表面上拖动，以免磨损角尺而影响 90°角尺本身的精度。

项目实施

操作一　装夹工件

工件必须牢固地夹在台虎钳的中部，加工面略高于钳口。

操作二　练习锉刀的握法

（1）大锉刀的握法。

（2）中锉刀的握法。

（3）小锉刀的握法。

操作三　练习锉削的姿势

（1）站立姿势。

（2）锉削姿势。

操作四　掌握锉削时的用力

若锉刀运动不平直，工件中间就会凸起或产生鼓形面。在锉削过程中，两手用力总的原则是"左减右加"。这需要多次反复练习，并多加体会才会慢慢有所感觉。

操作五　掌握锉削速度

开始练习时动作要慢，逐步体会锉削动作要领。初步掌握后，以正常速度练习。锉削速度一般为每分钟 40 次左右。太快，操作者容易疲劳，且锉齿易受磨损；太慢则锉削效率低。

操作六　锉削

当基本掌握锉削姿势及动作要领后，先用扁錾将直槽的中间部分錾平，再进行平面锉削练习，直至将台阶部分锉平。在平面锉削过程中，还要不断使用刀口形 90°角尺来校正双手的用力情况，以保证垂直度。同时还应配合使用刀口直尺，来保证加工面的平面度和直线度。

项目测评

锉削姿势练习评分标准如表 6-2 所示。

表 6-2　　　　　　　　　　　　　锉削姿势练习的评分标准

班级：_____　　姓名：_____　　学号：_____　　成绩：_____

序号	技术要求	配分	评分标准	自检记录	交检记录	得分
1	工件夹持位置正确	5	不合格不得分			
2	握锉姿势正确	20	不合格不得分			
3	站立步位和身体姿势正确	20	不合格不得分			
4	锉削动作协调、自然	30	超差不得分			
5	锉削速度正确	10	超差不得分			

续表

序号	技术要求	配分	评分标准	自检记录	交检记录	得分
6	工具摆放整齐、位置正确	5	目测			
7	安全文明生产	10	违者不得分			

知识链接

安全文明生产

（1）锉刀是右手握持的工具，应放在台虎钳的右面；放在钳台上时锉刀柄不可露在钳台外面，以免掉落地上砸伤脚或损坏锉刀。

（2）没有装柄的锉刀、锉刀柄已开裂或没有锉刀柄箍的锉刀不可使用。

（3）锉削时锉刀柄不能撞击到工件，以免锉刀柄脱落造成事故。

（4）不能用嘴吹锉屑，也不能用手擦摸锉削平面。

（5）锉刀不可用作撬或锤子。

（6）新锉刀要先用一面，待用钝后再使用另一面。

（7）不可锉毛坯件的硬皮及淬硬的工件。

（8）锉刀使用完毕后必须刷干净，以免生锈。

（9）锉刀无论在使用过程中或放入工具箱时均应单独平放。

习题与思考

1．锉刀用_____制成，按用途不同，锉刀可分为_____锉、_____锉和_____锉三类。

2．锉刀规格分_____规格和锉齿的_____规格。

3．根据哪些原则选用锉刀？

4．使用锉刀应遵守哪些基本原则？

项目七　锉削四方体

项目任务

试加工四方体，其零件图和实物图分别如图 7-1 和图 7-2 所示。通过锉削练习巩固和提高平面锉削技能，并达到一定的锉削精度。同时，要掌握游标卡尺的正确使用及维护。

【知识目标】

掌握游标卡尺的读数原理。

【技能目标】

（1）巩固正确的锉削姿势。

（2）提高平面锉削技能。

（3）能正确使用游标卡尺。

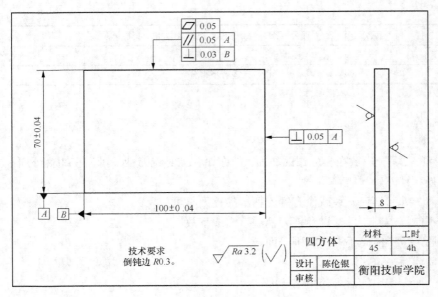

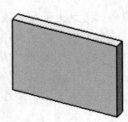

图 7-1 四方体零件图　　　　图 7-2 四方体实物图

相关工艺知识

1. 平面锉削方法

平面锉削方法一般包括顺向锉、交叉锉和推锉法三种。

（1）顺向锉。顺向锉（见图 7-3）是最普通的锉削方法。采用顺向锉时，锉刀运动方向与工件夹持方向始终一致，面积不大的平面和最后锉光大都采用这种方法。顺向锉可得到整齐一致的锉痕，比较美观，精锉时常常采用。

（2）交叉锉。如图 7-4 所示，交叉锉是指从两个交叉的方向对工件表面进行锉削的方法。锉刀与工件接触面积大，锉刀容易掌握平稳。交叉锉一般用于粗锉。

锉平面时，无论是采用顺向锉还是交叉锉，为了使整个加工面都能均匀地锉到，一般在每次抽回锉刀时，依次在横向上适当移动，如图 7-5 所示。

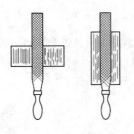

图 7-3 顺向锉

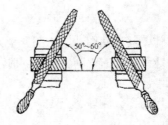

图 7-4 交叉锉

（3）推锉法。即两手对称横握锉刀，用大拇指推动锉刀顺着工件长度方向进行锉削的方法，如图 7-6 所示。其锉削效率低，适用于加工余量较小和修正尺寸时采用。

2. 平面锉削要领

长方体锉削时，为了更快速、有效、准确地达到加工要求，必须按照一定的顺序进行加工，一般按以下原则实施。

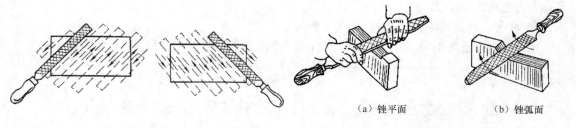

图 7-5 锉刀做横向移动 　　　　　　　　　　图 7-6 推锉法

（a）锉平面　　（b）锉弧面

（1）选择最大的平面作为基准面，先把该面锉平，达到平面度要求。

（2）先锉大平面后锉小平面。以大平面控制小平面，测量准确、修整方便、误差小、余量小。

（3）先锉平行面，再锉垂直面。一方面便于控制尺寸，另一方面平面度比垂直度的测量方便。

3. 游标卡尺的使用

（1）游标卡尺的用途。游标卡尺是一种中等精度的量具，可以用来测量内、外尺寸（如长度、宽度、厚度、内径和外径），高度，深度，孔距等。

（2）游标卡尺的结构。游标卡尺的结构如图 7-7 所示。测量时，旋松紧定螺钉可使游标沿尺身移动，并通过游标和尺身上的刻度线进行读数。

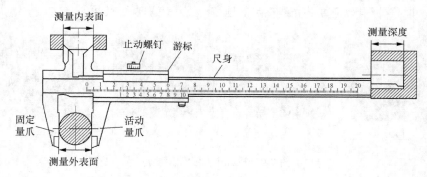

图 7-7 游标卡尺的结构

（3）游标卡尺的读数原理和读数方法。将两根直尺互相重叠，其中一根固定不动，另一根沿它做相对滑动。固定不动的直尺称为主尺，沿主尺滑动的直尺称为游标。利用游标与主尺相互配合进行读数的原理，称为游标读数原理。

游标卡尺的刻线按其测量精度，有 0.02mm 和 0.05mm 两种。以 0.02mm 规格的卡尺为例，尺身上每一小格为 1mm，当两量爪合拢时，游标上的 50 格刚好与尺身上的 49mm 对齐。尺身与游标每格之差为 1–49/50=0.02mm，此值为游标卡尺的测量精度。

使用游标卡尺测量时，应先弄清游标精度。读数时，要同时看主尺刻度和游标卡尺的刻线，二者配合起来读。具体步骤如下。

① 读整数。游标卡尺的 "0" 线是读数的基准。读整数是看游标 "0" 左边，挨近 "0" 线最近的那根主尺上刻线的数值，即为主尺的整数值。

② 读小数。看游标"0"线右边是哪一根线与主尺的线重合，刻线的序号乘游标精度所得的积，即为主尺的小数值。

③ 求和。将上述两读数相加即为所求的数。

用公式概括上面 3 步，为：所求尺寸=主尺整数+（游标刻线序号×精度）（见图 7-8）。

（a）测量精度为 0.02mm，读数为 20.38mm　　（b）测量精度为 0.02mm，读数为 42.74mm

图 7-8　游标卡尺的读数方法

（4）游标卡尺的使用要点。

① 测量前先把量爪和被测表面擦干净，检查游标卡尺各部件的相互作用，如游标移动是否灵活、止动螺钉是否起作用等。

② 校对零位的准确性。将两量爪紧密贴合后应无明显的光隙，尺身零线与游标零线应对齐。

③ 测量时，应先将两量爪张开到略大于被测尺寸的位置，再将固定量爪的测量面紧贴工件，轻轻移动活动量爪，到其接触工件表面为止，如图 7-9（a）、（b）所示。测量时，游标卡尺测量面的连线要垂直于被测表面，不可处于歪斜位置，否则测量结果不正确，如图 7-9（c）、（d）所示。

④ 读数时，游标卡尺应朝着光线充足的地方，视线应垂直于尺面。

（a）正确（一）　　　（b）正确（二）　　　（c）错误（一）　　　（d）错误（二）

图 7-9　游标卡尺的使用要点

项目实施

操作一　准备材料

检查来料尺寸余量（利用上个项目的四方体）。

操作二　加工基准面 A

首先把 A 面加工至满足图样要求（平面度和直线度）。

操作三　加工基准面 B

以 A 面为基准，加工 B 面至满足图样要求（保证 B 面相对于 A 面的垂直度及 B 面本身的平面度和直线度）。

操作四　划线

以 A、B 两面为划线基准，分别划出 70mm（2 处）、100mm（2 处）锉削加工线。

操作五　加工100mm的长平面

以A面为加工基准，粗、精锉上水平面，用刀口形直尺测量、控制平面度，用90°角尺测量、控制垂直度，用游标卡尺测量、控制70mm尺寸精度，并达到表面粗糙度要求。

操作六　加工70mm的短平面

用同样的方法锉削加工另一个垂直面，用90°角尺测量、控制直角为90°，并达到垂直度及表面粗糙度要求。

操作七　复检

复检、去毛刺、倒棱。

项目测评

四方体的评分标准如表7-1所示。

表7-1　　　　　　　　　　　四方体的评分标准

班级：_____　姓名：_____　学号：_____　成绩：_____

序号	技术要求	配分	评分标准	自检记录	交检记录	得分
1	锉削姿势正确	4	不合格不得分			
2	锉削动作正确	4	不合格不得分			
3	锉削速度正确	4	不合格不得分			
4	（70±0.04）mm	10	超差不得分			
5	（100±0.04）mm	10	超差不得分			
6	⟋ 0.5	3×6	超差不得分			
7	⊥ 0.05 A	5×2	超差不得分			
8	∥ 0.05 A	5×2	超差不得分			
9	90°±5′	5×2	超差不得分			
10	Ra≤3.2mm（四处）	3×4	不合格不得分			
11	安全文明生产	8	违者不得分			

知识链接

1. 钢件锉削方法

锉削钢件时，由于切屑容易嵌入锉刀锉齿中而拉伤加工表面，使表面粗糙度增大，因此，锉削时必须经常用钢丝刷或铁片剔除切屑。

为了使加工表面能达到Ra=3.2μm的表面粗糙度要求，锉削时，可在锉刀的齿面上涂抹粉笔，使每次锉削的切削量减少，同时切屑不易嵌入锉刀齿纹中，使锉出的加工表面更光洁。

2. 锉削时的废品分析

目前，锉削主要用于修整工件或工具的精加工工序，往往是最后一道工序。如果因锉削使工件报废，就要造成很大的损失。因此，锉削工作必须谨慎、仔细地进行。锉削时产生废品的原因及防止方法如表7-2所示。

表 7-2　　　　　　　　　　锉削时产生废品的原因及防止方法

废品形式	原　因	预 防 方 法
工件夹坏	1. 薄而大的工件未夹好，锉削时变形 2. 夹紧力太大，将空心件夹扁 3. 钳口太硬，将精加工表面夹出伤痕	1. 对薄而大的工件要用辅助工具夹持 2. 夹紧力不要太大，夹蓬头薄管最好用弧形木垫 3. 夹紧精加工工件应用护口片（铜钳口）
平面中凸	锉刀摇摆，用力不当，使工件塌边	加强锉削技术的训练
尺寸和 形状不准	1. 划线不对 2. 锉刀锉出加工界线	1. 按图纸尺寸正确划线 2. 锉时思想集中，每次锉削量要心中有数并经常测量
表面粗糙	1. 锉刀粗细选择不当 2. 锉屑嵌在锉刀中未消除	1. 合理选用锉刀 2. 经常清除锉屑
锉掉了不 该锉的部分	1. 锉垂直面时没选用光边锉刀 2. 锉刀打滑锉伤邻近表面	1. 应选用光边锉刀 2. 注意清除油污等引起打滑的因素

习题与思考

1. 什么是测量？
2. 锉刀的尺寸规格、齿纹的粗细规格如何表示？
3. 简述 0.02mm 精度游标卡尺的刻线原理。
4. 简述游标卡尺的读数方法。
5. 根据下列尺寸画出 0.02mm 精度游标卡尺的示意图。
（1）19.40mm；（2）32.14mm；（3）4.88mm。

项目八　锉削平行直角尺

项目任务

试加工平行直角尺，其零件图和实物图分别如图 8-1 和图 8-2 所示。由于该工件的加工精度高，用游标卡尺已不能满足加工要求，必须用千分尺来保证加工精度。

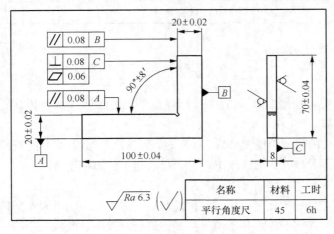

图 8-1　平行直角尺零件图

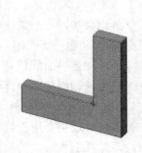

图 8-2　平行直角尺实物图

【知识目标】

掌握千分尺的读数原理。

【技能目标】

（1）掌握正确的尺寸控制方法。

（2）提高平面锉削技能。

（3）能正确使用千分尺。

相关工艺知识

1. 千分尺

千分尺是一种精密量具，其测量精度比游标卡尺高，而且比较灵敏，按用途可分为千分尺、内径千分尺、深度千分尺、螺纹千分尺、公法线千分尺等。

（1）千分尺的结构如图 8-3 所示。

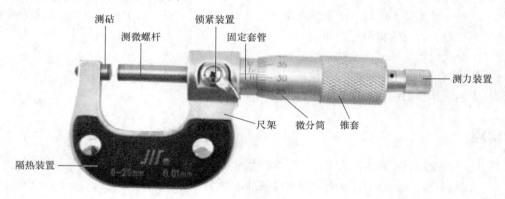

图 8-3 千分尺的结构

（2）千分尺的刻线原理。千分尺测微螺杆的螺距为 0.5mm，当微分筒旋转一周时，测微螺杆就移动 0.5mm，微分筒圆锥上共刻有 50 格，因此微分筒每转一格，测微螺杆就移动 0.01mm，所以千分尺的测量精度为 0.01mm。

（3）千分尺的读数。

① 读整数。读出微分筒边缘在固定套管主尺的毫米和半毫米数。

② 读小数。看微分筒上哪一格与固定套管上基准线对齐，并读出不足半毫米的数。当微分筒上没有任何一条刻线与基线重合时，应该进行估计读到小数点第 3 位。

③ 求和。把两个读数加起来就是测得的尺寸，如图 8-4 所示。

2. 千分尺的使用和保养

（1）用千分尺测量工件前应检查零位的准确性。

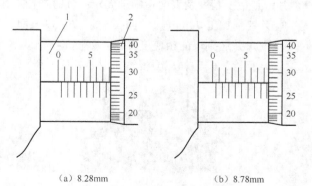

（a）8.28mm   （b）8.78mm

图 8-4 千分尺的读数方法

1—固定套筒；2—微分筒

（2）测量时，千分尺的测量面和工件的被测量表面应擦拭干净，以保证测量准确。

（3）可单手或双手握持千分尺对工件进行测量，其使用方法如图 8-5 所示。单手测量时旋转力要适当，控制好测量力。双手测量时，应先转动微分筒，当测量面刚接触工件表面时再改用棘轮贴紧工件。

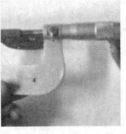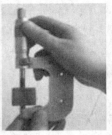

图 8-5　千分尺的使用方法　　　　　　　　　　图 8-6　千分尺的正确测量位置

（4）用千分尺测量平面时，一般测量工件的 4 个角和 5 个点；对于狭长平面，只需测量两头和中间共 3 个点。其正确测量位置如图 8-6 所示。

（5）千分尺使用完毕后应擦拭干净，并在测量面涂上防锈油。

（6）使用完千分尺后，不可与工具、刀具、工件等混放，应立即放入盒内。

（7）定期送计量部门进行精度鉴定。

项目实施

（1）选出最接近 90° 的两个大平面，用锉刀修整，锉出一个基准角。

（2）检查工件尺寸，以 A、B 两面为划线基准，分别划出 70mm（2 处）、20mm（2 处）锉削加工线，如图 8-7（a）所示。

（3）粗、精锉一个内直角面（D 表面），用刀口形直尺测量控制平面度，用 90° 角尺测量、控制垂直度，用游标卡尺测量、控制 20mm 尺寸精度，并达到表面粗糙度要求；同时在内直角处锯一个小槽，如图 8-7（b）所示。

（4）用同样的方法锉削加工另一个内直角面（E 表面），用万能角度尺测量、控制内直角为90° 并达到角度精度及表面粗糙度要求；同时在内直角处锯一个小槽，如图 8-7（c）所示。

（5）锉削加工 70mm 尺寸面（2 处，F、G 表面），用游标卡尺测量、控制（70±0.10）mm 的尺寸精度，并达到表面粗糙度要求，如图 8-7（d）所示。

（6）复检、去毛刺、倒棱，如图 8-7（e）所示。

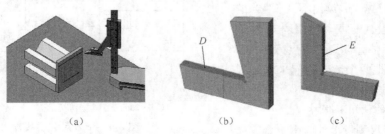

（a）　　　　　　　　　　　（b）　　　　　　　　　　　（c）

图 8-7　平行直角块的实习步骤

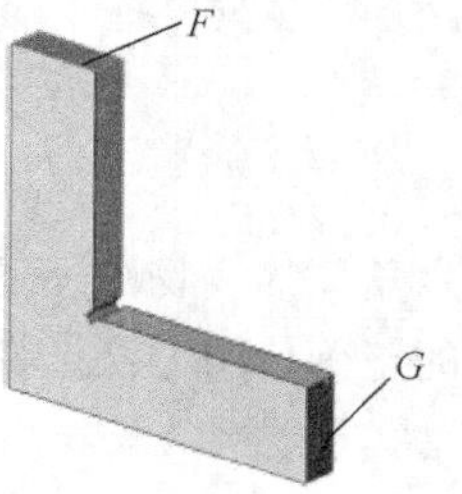

（d）

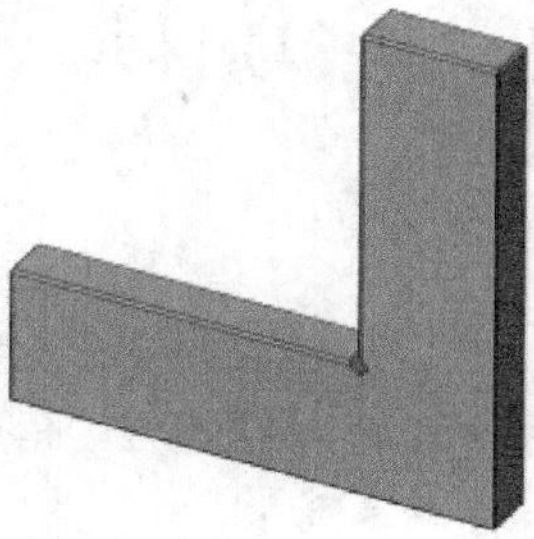

（e）

图 8-7　平行直角块的实习步骤（续）

项目测评

平行直角尺的评分标准如表 8-1 所示。

表 8–1　平行直角尺的评分标准

班级：________　姓名：________　学号：________　成绩：________

序号	技术要求	配分	评分标准	自检记录	交检记录	得分
1	锉削姿势正确	6	不合格不得分			
2	锉削动作正确	6	不合格不得分			
3	锉削速度正确	6	不合格不得分			
4	（70±0.10）mm	6	超差不得分			
5	（20±0.08）mm（两处）	18	超差不得分			
6	（100±0.10）mm	6	超差不得分			
7	⏥ 0.06	6	超差不得分			
8	⊥ 0.08	6	超差不得分			
9	// 0.08	6	超差不得分			
10	90°±5′	6	超差不得分			
11	*Ra*≤6.3mm（六处）	3×6	不合格不得分			
12	安全文明生产	10	违者不得分			

习题与思考

1．简述千分尺的刻线原理。

2．千分尺测量工件时怎样读数？

3．根据下列尺寸，做出千分尺的读数示意图。

（1）9.95mm；（2）29.39mm；（3）41.78mm。

项目九　锉削六角体

项目任务

图 9-1 所示为六角体的零件图，图 9-2 所示为六角体的实物图。通过练习，掌握六角体加工方法，达到图样规定的技术要求；掌握万能角度尺的正确使用方法，提高游标卡尺、角尺等测量的准确性。

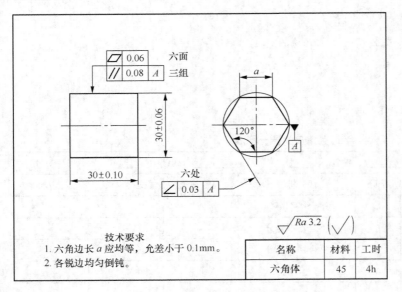

图 9-1　六角体零件图

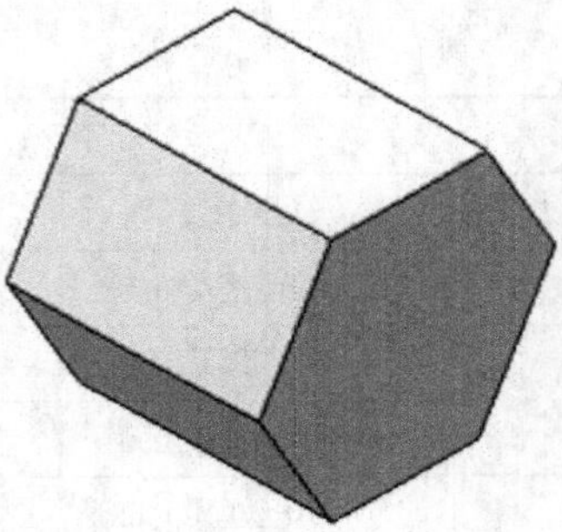

图 9-2　六角体实物图

【知识目标】

（1）掌握万能角度尺的结构、刻线。

（2）原理、读数方法及测量方法。

【技能目标】

（1）掌握六角体加工工艺。

（2）能使用万能角度尺进行角度划线和测量。

相关工艺知识

1. 万能角度尺的作用

万能角度尺是用来测量工件内外角度及角度划线的工具。

2. 万能角度尺的结构（见图 9-3）

3. 万能角度尺刻线原理和读数

尺身刻线每格 1°，游标刻线是将尺身上 29°所占的弧长等分为 30 格，即每格所对的角度为 29°/30，因此游标 1 格与尺身 1 格相差 2′，即万能角度尺的测量精度为 2′。

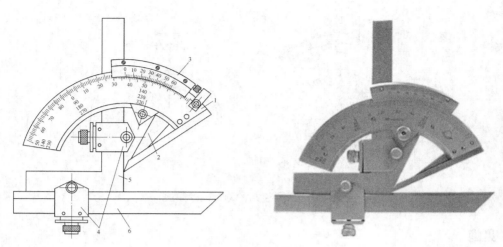

图 9-3　万能角度尺的结构

1—尺身；2—基尺；3—游标；4—卡规；5—角尺；6—直尺

　　万能角度尺的读数方法和游标卡尺相似：先从尺身上读出游标零线前的整度数，再从游标上读出角度"′"的数值，两者相加就是被测的角度数值。其读数方法如图 9-4 所示。

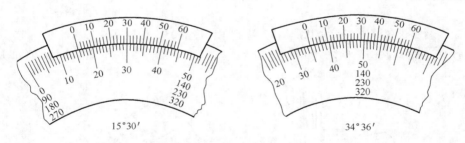

图 9-4　万能角度尺读数方法

4. 万能角度尺的测量范围

通过直角尺和直尺的移动与拆除，可测量 0°～320° 的任何角度，如图 9-5 所示。

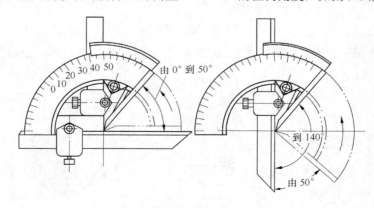

图 9-5　万能角度尺的测量范围

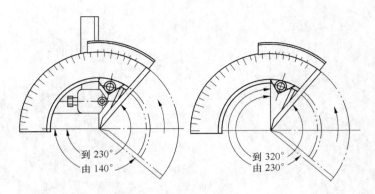

图 9-5　万能角度尺的测量范围（续）

项目实施

　　加工六角体时，原则上应先加工基准面，然后加工平行面，再依次加工角度面，但为了能同时保证其对边尺寸、120°内角及边长相等的要求，一般可按图 9-6 所示的加工顺序进行锉削。加工步骤如下所述。

　　（1）检查来料尺寸，测量圆柱的实际直径。

　　（2）锉削圆柱端面，达到（30±0.10）mm 尺寸及平面度、粗糙度等要求。

　　（3）粗、精锉六角体第一面（基准面），达到平面度 0.05、粗糙度 3.2μm 等要求，同时保证尺寸 M，如图 9-7 所示。

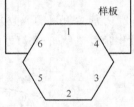

图 9-6　六角体的加工顺序

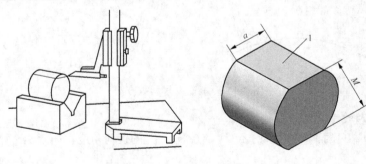

图 9-7　加工第一面

　　（4）粗、精锉第一面的对面 2。以第一面为基准，划出 30mm 加工线，然后再锉削至达到图纸要求，如图 9-8 所示。

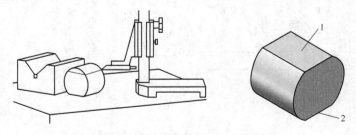

图 9-8　加工第二面

（5）粗、精锉第三面。加工时可用 90°V 形架划出加工界线，划线尺寸的控制以保证六角体边长尺寸和对边尺寸要求为准。同时还要保证平面度、120°倾斜度及粗糙度要求，如图 9-9 所示。

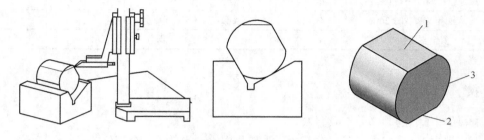

图 9-9　加工第三面

（6）加工第四面。加工时必须严格控制边长的尺寸要求，如图 9-10 所示。边长尺寸的测量方法主要用样板测量，如图 9-6 所示。

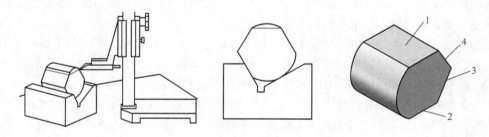

图 9-10　加工第四面

（7）粗、精锉第三面的对面 6。以第三面为基准，划出 30mm 加工线，然后再锉削至达到图纸要求，如图 9-11 所示。

（8）粗、精锉第四面的对面 5（见图 9-11）。以第四面为基准，划出 30mm 加工线，然后再锉削至达到图纸要求。

（9）全部精度复检，并做必要的修整，锐边去毛刺、倒角。

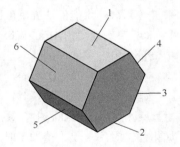

图 9-11　加工第六面和第五面

项目测评

锉削六角体的评分标准如表 9-1 所示。

表 9-1　　　　　　　　　　　　　　锉削六角体的评分标准

班级：_____　姓名：_____　学号：_____　成绩：_____

序号	技术要求	配分	评分标准	自检记录	交检记录	得分
1	（30±0.10）mm	2	不合格不得分			
2	（30±0.06）mm（三处）	10×3	不合格不得分			
3	▱ 0.06 （六处）	2×6	超差一处扣 2 分			
4	∠ 0.03 A （六处）	5×6	超差一处扣 5 分			
5	∥ 0.08 A （三处）	2×3	超差一处扣 2 分			

续表

序号	技术要求	配分	评分标准	自检记录	交检记录	得分
6	边长均等允差 0.1	6	超差不得分			
7	表面粗糙度 Ra3.2μm	4	超差不得分			
8	安全文明生产	10	违者不得分			

知识链接

下面介绍钳工锉削制件的一般要领。

（1）熟读图样，想好加工工序过程。要清楚图样的形状与每一个部位的尺寸公差要求、形状位置公差要求及图样上的技术要求内容，不可遗漏。

（2）按图样工具准备通知单上的工件加工要求，认真地准备工具、量具和刀具，同时对所需工具进行修整。

① 图样上如有方孔、三角孔或内部尺寸加工时，所用锉刀（方锉、三角锉）按加工要求磨边。

② 量具要进行检测，使量出的数值准确无误。

③ 刀具要进行刃磨，使刃部锋利，钻头、铰刀等要进行试钻、试铰孔，保证加工的孔尺寸准确。

④ 需要准备的辅助样板、测量棒等要自行准备，不可漏掉，不然将影响加工质量。

（3）操作时选择基准要正确，划线要准确，留加工余量要合理。

① 一般情况下基准要先行锉出。选择一面（侧面）垂直于另一个面（底面）。建议选择直锉法，用研磨法测量，并准确、快速地将基准面加工出来，使基准面的形状公差（垂直度、平面度）得到保证，以后再不加工。

② 按基准进行划线，划线时应尽量借助标准量具，如高度游标卡尺、90°角尺等（划平行线、垂直线）这样才能保证准确度。

③ 正确地留出加工余量，一般应在 0.5mm 左右；如基准在边侧，其基准处不得留余量。加工余量预留在单侧，划线时应对此充分注意。以中心线为基准时，预留两侧均分，不过这种现象比较少。划同一尺寸的线时，最好两件一次划成，避免两次划线产生误差。

（4）熟练掌握所用量具，使量出的数值准确。测量时要迅速快捷以节省时间，尤其是粗加工时。每锉削一遍做到心中有数，接近尺寸时要仔细测量不可超差。尽量使用自己掌握熟练的工具，如粗加工时用卡尺、精加工时用千分尺等。

（5）锉削过程中要经常测量尺寸，应做到划线基准、测量基准、加工基准一致，并以此计算其他尺寸数值。

习题与思考

1. 简述加工多面体的基本原则。

2. 试述六角体的加工工艺。

3. 试述万能角度尺的刻线原理、读数方法及注意事项。

4. 根据下列角度值，做出万能角度尺的读数示意图。

（1）32°22′；（2）48°8′。

项目十　锉削键形件

项目任务

图 10-1 所示为键形件零件图，图 10-2 所示为键形件实物图。该零件的加工难点在于圆弧面部分，通过训练，应熟练掌握圆弧面的加工方法。在训练时，由于零件的坯料较小，可从前面的项目训练中选取合适的边角料作为坯料进行加工。

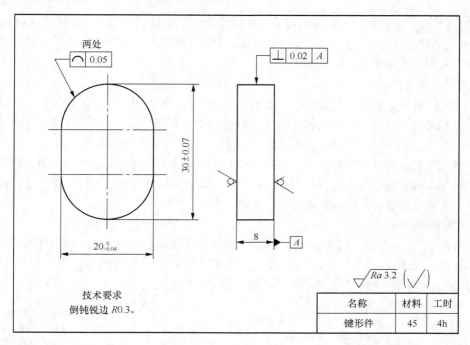

图 10-1　键形件零件图

【技能目标】

（1）能对外、内圆弧面进行锉削。

（2）掌握键形件的加工工艺。

相关工艺知识

1. 外圆柱面的锉削

（1）锉刀的选用。锉削外圆弧时，一般选用各种板锉，有时也可用半圆锉的平面部分进行锉削。

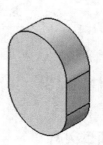

图 10-2　键形件实物图

（2）锉削方法。锉削时，需要保证锉刀同时完成两个方向的运动，即锉刀在做前进运动的同时还应绕工件圆弧的中心转动，常用的方法有以下两种。

① 顺弧法。如图 10-3 所示，锉削时右手把锉刀柄部往下压，左手把锉刀前端顺势往上抬，即沿着弧面线均匀切去一层，使圆弧面圆滑，缺点是锉削力不大，切削效率较低，适用于精锉圆弧。

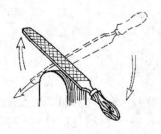

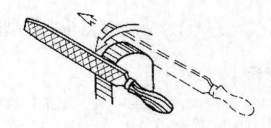

图 10-3　顺着圆弧锉　　　　　　　　　　　图 10-4　对着圆弧锉

② 对弧锉。锉削时，锉刀做直线运动，并同时沿着圆弧面不断摆动，如图 10-4 所示。

这种方法锉削力较大，效率比较高，但锉削后使整个弧面呈多棱形，一般用于粗锉场合。要求精锉时，必须再采用顺弧法加工成型。

2. 内圆柱面的锉削

（1）锉刀的选用。锉削内圆弧面时，必须选用半圆锉、圆锉或异形锉进行加工，并且要求锉刀的圆弧半径必须小于或等于加工弧的半径；当加工弧的半径较大时，也可选用小方锉进行锉削加工。

（2）锉削方法。锉削内圆弧面时，必须使锉刀同时完成三个方向的运动，即前进运动、锉刀沿圆弧方向的左右移动及锉刀沿自身中心线的转动，如图 10-5 所示。必须使这三个运动同时作用于工件表面，才能保证锉出的内弧面光滑、准确。

3. 曲面锉削质量的控制

对于锉削加工后的内、外圆弧面，可采用曲面样板检查曲面的轮廓度，曲面样板通常包括凸面样板和凹面样板两类，如图 10-6 所示。其中凸面样板本身为标准内圆弧面，用于测量外圆弧面，如图 10-6 所示的右端。测量时，要在整个弧面上测量，综合进行评定，如图 10-7 所示。

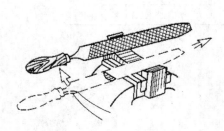

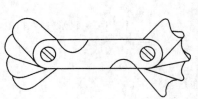

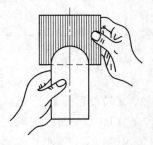

图 10-5　内圆弧面的锉削　　　　图 10-6　曲面样板　　　　图 10-7　用曲面样板检
　　　　　　　　　　　　　　　　　　　　　　　　　　　　　　查曲面的轮廓

项目实施

操作一　来料检查。

操作二　按图样要求划出零件加工轮廓线，如图 10-8 所示。

操作三　如图 10-9 所示，加工键形件尺寸 $20_{-0.04}^{0}$ mm。保证相关精度要求。

操作四　如图 10-10 所示，加工键形件上部圆弧面，保证圆弧轮廓精度。

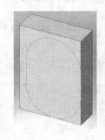

图 10-8　加工轮廓线

操作五 如图 10-11 所示，加工键形件下部圆弧面，保证圆弧轮廓精度。同时保证尺寸达到（30+0.07）mm 的要求。

操作六 复检零件并去除毛刺。

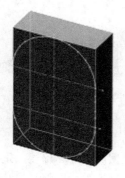
图 10-9 加工尺寸 $20_{-0.04}^{0}$ mm

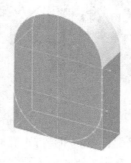
图 10-10 加工上圆弧

图 10-11 加工下圆弧

项目测评

锉削键形件的评分标准如表 10-1 所示。

表 10-1 　　　　　　　　　　锉削键形件的评分标准

班级：_____　姓名：_____　学号：_____　成绩：_____

序号	技术要求	配分	评分标准	自检记录	交检记录	得分
1	圆弧检测方法正确	10	不合格不得分			
2	$20_{-0.04}^{0}$ mm	10	不合格不得分			
3	（30±0.07）mm	10	不合格不得分			
4	⌒ 0.05	10×2	超差一处扣 10 分			
5	⊥ 0.02 A	10×3	超差一处扣 5 分			
6	表面粗糙度（Ra）3.2μm	10	超差不得分			
7	安全文明生产	10	违者不得分			

知识链接

通孔的锉法

锉通孔会有很多种情况，因此要根据通孔的形状、尺寸、余量和精度选择相应的加工方法和锉刀。通孔主要有正方形、长方形和三角形孔等。

（1）工艺孔的加工方法。先用相应的钻头钻出连串的工艺孔，如图 10-12（a）所示。再用锯弓锯掉连接处，如图 10-12（b）所示。

当锯条受工艺孔的直径限制时，可以把锯条的背面磨小些，如图 10-13 所示。但在刃磨过程中要注意锯条的冷却，以免锯条退火软化。

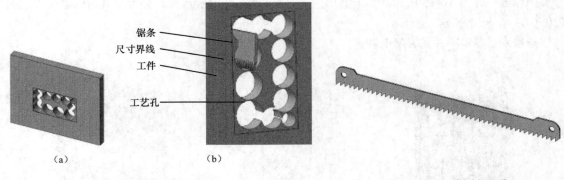

图 10-12　工艺孔的加工方法　　　　　　　图 10-13　刃磨后的锯条

（2）正方形和长方形孔的锉法。锉削正方形和长方形孔时，一般使用方锉和扁锉，采用直锉法进行锉削。关键是 90°直角的锉削。锉削内直角时，要对方锉和小平锉进行修整，将其中一边在砂轮上进行修磨，使其与锉刀切削面小于 90°，一般在 75°～80°。这样就使锉刀切削面能够清根，而且碰不到与其垂直面。原因在于 90°角的锉刀面不能真正地锉出 90°角的工件来，一是垂直度精度不够；二是锉削时同时锉削两个面保证不了两个面同时受力均匀。锉削时对正方孔和长形孔的检测，一般用 90°直角尺和自制样板进行，也可采用自制的比锉削孔的尺寸小一些的样板，对所锉削的孔进行研磨，视其接触点的方法进行测量。

（3）三角形和菱形孔的锉法。三角形和菱形孔的锉法与方形孔的锉法基本相同，只是使用的锉刀为三角锉和小平锉，一般情况下都需要修整锉刀的一个边。三角形锉刀要小于 60°，菱形磨边外角角度应小于菱形的最小内角角度。

习题与思考

1．常用的圆弧锉削方法有哪些？其锉刀的选用原则是什么？
2．试述通孔的锉削工艺过程。

项目十一　钻孔

项目任务

要想把两个以上的零件用各种活动连接的方法连接起来，首先要在零件上钻出各种不同的孔。因此，孔加工在生产中是一项很重要的工作。

图 11-1 所示为等分定位块，其实物图如图 11-2 所示。为完成该等分定位块的加工，除了需完成外形的锉削加工外，还需要完成 3 个 ϕ8mm 和 1 个 ϕ10mm 的孔需要钻削（铰削）加工，那么在孔的加工过程中必须掌握钻孔的一些基本方法。另外，还需要掌握麻花钻的刃磨方法，以及工件的装夹方法等工艺知识。

【知识目标】
（1）了解麻花钻的几何角度的作用与概念及其对钻孔的影响。
（2）掌握钻削用量的概念及其应用。

【技能目标】

（1）能刃磨麻花钻。

（2）提高划线水平。

（3）能使用台钻进行钻孔练习。

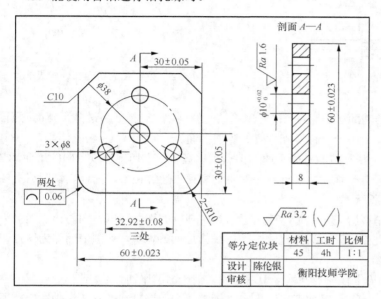

图 11-1 等分定位块零件图

图 11-2 等分定位块实物图

相关工艺知识

钳工加工孔的方法主要有两类：一类是用麻花钻等在实体材料上加工出孔；另一类是用扩孔钻、锪钻和铰刀等对工件上已有孔进行再加工。

1. 麻花钻的结构

用麻花钻在实体材料上加工孔的方法，称为钻孔，如图 11-3 所示。钳工钻孔时常在各类钻床上进行。钻孔时，钻头的高速旋转运动为主运动，钻头的轴向上下移动为进给运动。

钻削时钻头是在半封闭的状态下进行切削的，转速高，切削量大，排屑困难，磨擦严重，钻头易抖动，加工精度低，一般尺寸精度只能达到 IT11～IT10，表面粗糙度 Ra 值只能达到 50～12.5μm。

图 11-3 钻孔

钻头的种类较多，如麻花钻、扁钻、深孔钻、中心钻等，其中麻花钻是目前孔加工中应用最广泛的刀具。它主要用来在实体材料上钻削直径在 0.1～80mm 的孔。

标准麻花钻主要有高速钢麻花钻头和硬质合金麻花钻头两大类。

标准麻花钻主要由柄部、颈部和工作部分组成，其中工作部分由切削部分和导向部分组成，如图 11-4 所示。

标准麻花钻的切削部分由六面、五刃组成，如图 11-5 所示。

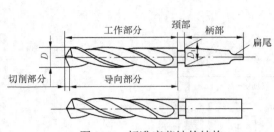

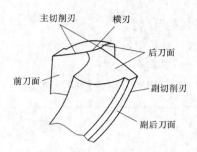

图 11-4　标准麻花钻的结构

图 11-5　麻花钻的切削部分构成

2.　麻花钻的切削角度

（1）确定麻花钻切削角度的辅助平面。为了确定麻花钻的切削角度，需要引进几个辅助平面，即基面、切削平面、正交平面（此三个平面互相垂直）和柱剖面。

① 基面。麻花钻主切削刃上任一点的基面是通过该点且垂直于该点切削速度方向的平面，实际上是通过该点与钻心连线的径向平面。由于麻花钻两主切削刃不通过钻心，所以主切削刃上各点的基面也就不同，如图 11-6 所示。

② 切削平面。麻花钻主切削刃上任一点的切削平面，是由该点的切削速度方向与该点切削刃的切线所构成的平面。标准麻花钻主切削刃为直线，其切线就是钻刃本身。切削平面即为该点切削速度与钻刃构成的平面。

③ 正交平面。通过主切削刃上任一点并垂直于基面和切削平面的平面。

④ 柱剖面。通过主切削刃上任一点做与麻花钻轴线平行的直线，该直线绕麻花钻轴线旋转所形成的圆柱面的切面为柱剖面，如图 11-7 所示。

（2）标准麻花钻的切削角度。标准麻花钻的切削角度如图 11-8 所示。

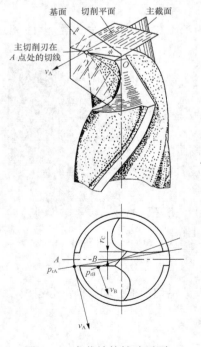

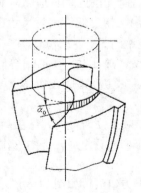

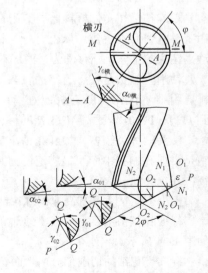

图 11-6　麻花钻的辅助平面

图 11-7　柱剖面

图 11-8　标准麻花钻的切削角度

标准麻花钻各切削角度的定义、作用及特点如表 11-1 所示。

表 11-1　　　　　　　　标准麻花钻各切削角度的定义、作用及特点

切削角度	作用及特点	定　义
前角 γ_0	前角大小决定着切除材料的难易程度和切屑与前刀面产摩擦阻力的大小。前角越大，切削越省力。主切削刃上各点前角不同：近外缘处最大为 $\gamma_0=30°$；自外向内逐渐减小，在钻心至 $D/3$ 范围内为负值；横刃处 γ_0 为 $-60°$～$-54°$；接近横刃处的前角 $\gamma_0=-30°$	在正交平面内，前刀面与基面之间的夹角
主后角 α_0	主后角的作用是减小麻花钻后刀面与切削面间的磨擦。主切削刃上各点主后角也不同：外缘处较小，自外向内逐渐增大。直径 D 为 15～30mm 的麻花钻，外缘处 α_0 为 $9°$～$12°$；钻心处 α_0 为 $20°$～$26°$；横刃处 α_0 为 $30°$～$60°$	在柱剖面内，后刀面与切削平面之间的夹角
顶角 2φ	顶角影响主切削刃上轴向力的大小。顶角越小，轴向力越小，外缘外刀尖 ζ 越大，利于散热和提高钻头使用寿命。但在相同条件下，钻头所受扭矩增大，切屑变形加剧，排屑困难，不利于润滑。顶角的大小一般根据麻花钻的加工条件而定。标准麻花钻的顶角 $2\varphi=118°\pm2°$，其大小对主切削刃的影响，如图 11-9 所示	两条主切削刃在其平行平面 M–M 上的投影之间的夹角
横刃斜角 φ	在刃磨钻头时自然形成。其大小与主后角有关。主后角大，则横刃斜角小，横刃较长。标准横刃斜角 $\varphi=50°$～$55°$	横刃与主切削刃在钻头端面内的投影之间的夹角

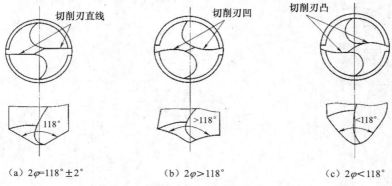

(a) $2\varphi=118°\pm2°$　　　　(b) $2\varphi>118°$　　　　(c) $2\varphi<118°$

图 11-9　顶角对主切削刃形状的影响

3. 标准麻花钻的刃磨

标准麻花钻在使用一段时间后会出现钝化现象，或者在使用时会出现退火、崩刃或折断等问题，需要对钻头重新进行刃磨。铅头在砂轮上刃磨的方法如图 11-10 所示。

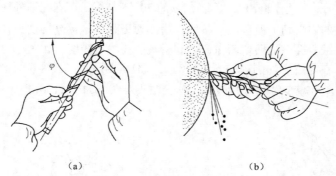

（a）　　　　　　　　　　（b）

图 11-10　麻花钻的刃磨方法

（1）姿势。钻头刃磨时，主要刃磨两主后刀面及两主切削刃。右手握住钻头头部，左手握柄部，让刃磨部分的主切削刃处于水平位置，钻头轴心线与砂轮圆柱母线在水平面内的夹角等于 φ（60°左右），如图 11-10（a）所示。

（2）刃磨动作。将主切削刃先接触砂轮，如图 11-10（b）所示，右手缓慢绕钻心线由下向上转动，左手配合右手做缓慢的同步下压运动，刃磨压力逐渐增大，便于磨出合适的后角 α_0 值；与此同时，使钻头做小范围的同步左移，刃磨时，两手配合协调，反复地交替刃磨两主后刀面，并且及时蘸水冷却，防止钻头过热而退火。

（3）刃磨检查。刃磨时应按麻花钻的刃磨要求逐项检查；检查时可用检验样板检查钻头顶角 2φ 值以及两主切削刃的对称情况，如图 11-11 所示。

4. 标准麻花钻的修磨

由于标准麻花钻自身结构存在轴向力大、定心不稳、切削性能差、磨损严重、排屑困难等缺陷，为了改善其切削性能，通常对标准麻花钻进行修磨后再进行使用。通常的修磨方法如下。

（1）磨短横刃。这是最基本的修磨方式。修磨后横刃的长度为原来的 1/5～1/3，以减小轴向力和挤刮现象，可提高钻头的定心作用和切削的稳定性。同时，在靠近钻心处形成内刃，内刃处前角 $\lambda_0 = -15°～0°$，切削性能得以改善。一般直径在 5mm 以上的麻花钻均须修磨横刃，如图 11-12 所示。

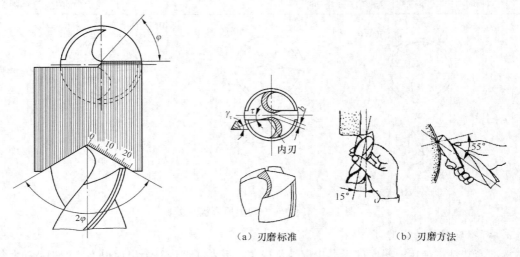

图 11-11　钻头刃磨角度的检查　　　　　　　图 11-12　磨短横刃

（2）修磨主切削刃。主要是磨出第二顶角 $2\varphi_0$（70°～75°）。在麻花钻外缘处磨出过渡刃（$f_0 = 0.2D$）以增大外缘处的刀尖角，改善散热条件，增加刀齿强度，提高切削刃与棱边交角处的耐磨性，延长钻头寿命，减少孔壁的残留面积，有利于减少孔的粗糙度，如图 11-13 所示。

（3）修磨棱边。在靠近主切削刃的一段棱边上，磨出副后角（$\alpha_{01} = 6°～8°$），并保留棱边宽度为原来的 1/3～1/2，可减少对孔壁的磨擦，延长钻头寿命，如图 11-14 所示。

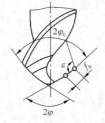

图 11-13　修磨主切削刃

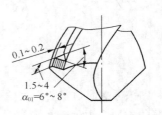

图 11-14　修磨棱边

（4）修磨前刀面。修磨外缘处前刀面，可以减少此处的前角，提高刀齿的强度，钻削黄铜时，可以避免"扎刀"现象，如图 11-15 所示。

（5）修磨分屑槽。在后刀面或前刀面上磨出几条相互错开的分屑槽，使切屑变窄，以利排屑。直径大于 15mm 的钻头都可磨出分屑槽，如图 11-16 所示。

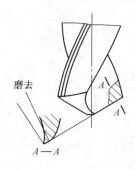

图 11-15　修磨前刀面

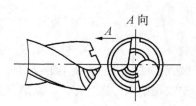

图 11-16　在主后刀面上修磨分屑槽

5. 钻孔方法

在钻床上钻孔的方法，可分为手工划线钻孔和利用夹具钻孔两大类，下面重点讨论手工划线钻孔方法。

（1）钻孔时的工件划线。按图纸中有关位置尺寸要求，划出孔的十字中心线和孔的检查线（检查圆或方框），并在孔的中心位置处打好样冲眼，如图 11-17 所示。

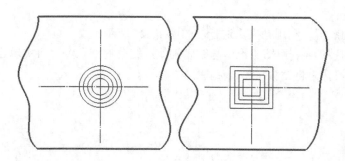

图 11-17　钻孔时工件的划线

（2）工件的装夹。工件装夹在钻床上时，应根据其结构特点和钻孔直径大小采用不同的装夹法。

① 手虎钳夹持。仅用于小型工件上钻小孔的场合，如图 11-18 所示。

图 11-18　钻小孔时的装夹

② 用平口钳装夹工件。常用于平整工件上钻削较大孔的场合，如图 11-19 所示。

③ 棒类工件的夹持。常采用 V 形块与 C 形夹头配合夹持，如图 11-20 所示。

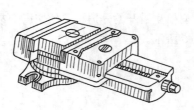 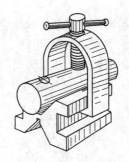

图 11-19　用平口钳装夹工件　　　　　图 11-20　棒类工件的夹持

④ 压板装夹工件。用于小工件上钻较大孔的场合，如图 11-21 所示。

⑤ 角铁装夹工件。用于各类角钢及型材的钻孔加工，如图 11-22 所示。

⑥ 直接安装在钻床工作台上，特别适合大型工件的钻孔加工，如图 11-23 所示。

 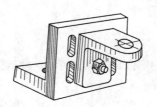 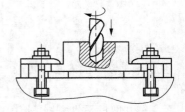

图 11-21　压板装夹工件　　　图 11-22　角铁装夹工件　　　图 11-23　在钻床工作台上装夹工件

（3）钻头的装拆。

① 直柄钻头的装拆。利用钻夹头进行，如图 11-24 所示。

② 锥柄钻头的装拆。利用钻头锥柄与钻床轴或过渡套的锥孔配合而实现连接；拆卸时，将楔铁插入钻床主轴的长孔中将钻头挤出，如图 11-25 所示。

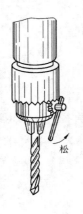 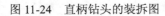 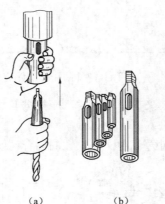 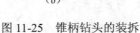

（a）　　　　　　　（b）　　　　　　　（c）

图 11-24　直柄钻头的装拆图　　　　图 11-25　锥柄钻头的装拆

（4）试钻。钻孔时，先使钻头对准划线中心，钻出浅孔，观察是否与划线圆同心，准确无误后，继续钻削完成。如钻出浅坑与划线圆发生偏位，偏位较少的可在试钻同时用力将工件向偏位的反方向推移，逐步修正；如偏位较多，可在修正方向上打上几个样冲眼，如图 11-26（a）所示，或用油槽錾錾出几个小槽，如图 11-26（b）所示，以减少此处的钻削阻力，达到修正目的。钻削孔距要求较高的孔时，两孔要边钻、边测量、边修正，不可先钻好一个孔再来修正另一个孔的位置。

（5）钻孔操作方法如下。

① 钻削通孔时，当孔快要钻穿时，应减小进给力，以免产生"啃刀"现象，影响加工质量和折断钻头。

② 钻不通孔时，应按钻孔深度调整好钻床上的挡块，采用深度标尺或其他控制措施，以免钻过深或过浅，并注意退屑。

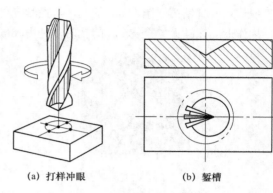

(a) 打样冲眼　　　(b) 錾槽

图 11-26　矫正孔的位置

③ 一般钻削深孔时，钻削深度达到直径 3 倍时，钻头就应退出排屑，并注意冷却润滑。

④ 钻 ϕ30mm 以上的大孔时，一般分两次进行，第一次用 0.5～0.7 倍孔径钻头，第二次用所需直径的钻头钻削。

⑤ 钻 ϕ1mm 以上的小孔时，切削速度可选在 2000～3000r/min 以上，进给力小且平稳，不宜过大过快，防止钻头弯曲和滑移。应经常退出钻头排屑，并加注切削液。

⑥ 在斜面上钻孔时，可采用中收钻钻底孔，或用铣刀在钻孔处铣削出小平面，或用钻套导向等方法进行。

项目实施

1. 标准麻花钻的刃磨练习

（1）实习教师做钻头刃磨示范。

（2）按要求完成 ϕ10mm 钻头的刃磨。

2. 钻孔练习

操作一　实习教师作钻床的调整操作、钻头和工件的装夹及钻孔方法等示范。

操作二　学生在钻床上熟悉钻床的操作、转速的调整、工作台的升降及钻头和工件的装夹等。

操作三　用锉刀把工件加工至图示要求，如图 11-27 所示。

操作四　在工件的一侧涂上红丹粉，划出各孔的位置线，并打出样冲眼，如图 11-28 所示。

操作五　首先试钻 ϕ10mm 的孔，如图 11-29 所示。首先用 9.8mm 的麻花钻钻孔；待检测其位置合格后，把孔钻穿；再用 ϕ10mm 机用铰刀进行铰孔，注意工件位置不要动，还要加机油。

图 11-27　毛坯

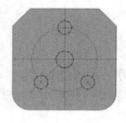

图 11-28　划线

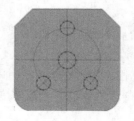

图 11-29　试钻

操作六　试钻第一个 ϕ8mm 的孔，待检测位置合格后，把孔钻穿，如图 11-30 所示。

操作七　试钻第二个 ϕ8mm 的孔时，利用 ϕ8mm 的检测棒进行控制尺寸，如图 11-31 所示。

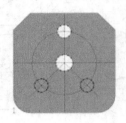

图 11-30　钻孔

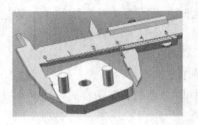

图 11-31　检测孔距

操作八　利用同样的方法，试钻第三个 ϕ8mm 的孔。并控制好尺寸。

操作九　对所有的孔进行尺寸和表面质量检测，合格后，用 ϕ12mm 的麻花钻进行倒角。

项目测评（见表 11-2）

表 11-2　　　　　　　　　　　　　　等分定位块加工评分标准

班级：_____　　姓名：_____　　学号：_____　　成绩：_____

序号	技术要求	配分	评分标准	自检记录	交检记录	得分
1	掌握台钻各部分的作用	5	正确掌握与否			
2	正确操作台钻	10	正确操作与否			
3	钻头刃磨质量	10	标准角度			
4	（60±0.023）mm（两处）	4×2	每处超差扣 5 分			
5	C10mm（两处）	1×2	每处超差扣 3 分			
6	⌒ 0.06 （两处）	2×2	每处超差扣 4 分			
7	$Ra \leqslant 3.2\mu m$（八处）	1×8	超差不得分			
8	$Ra \leqslant 1.6\mu m$（四处）	1×4	超差不得分			
9	（32.91±0.08）mm（三处）	4×3	每处超差扣 4 分			
10	（30±0.05）mm	5	每处超差扣 4 分			
11	$\phi 10^{+0.018}_{0}$（mm）	4	超差不得分			
12	$\phi 8^{+0.015}_{0}$（mm）（三处）	5×3	每处超差扣 5 分			
13	孔口倒角 C0.2mm（六处）	0.5×6	超差不得分			
14	安全文明生产	10	违者不得分			

知识链接

1. 切削用量的选择

（1）切削用量的概念。钻孔时的切削用量主要指切削速度、进给量和切削深度。

① 切削速度（v_0）。切削速度是指钻削时钻头切削刃上一点的线速度。一般指切削刃最外缘处的线速度。

若已知钻床的转速，则切削速度为

$$v_0 = \pi dn / 1000$$

式中：D——钻头直径，单位为 mm；

    n——钻头的转速，单位为 r/min；

    v_0——切削速度，单位为 m/min。

② 进给量（f）。钻孔时的进给量是指钻头每转一圈，它沿孔的深度方向移动的距离，单位为 mm/r。

③ 切削深度（a_p）。钻孔时的切削深度等于钻头的半径，即 $a_p = D/2$。

（2）切削用量的选择。合理选择切削用量，是为了在保证加工精度、表面粗糙度及钻头合理耐用的前提下，最大限度地提高生产率，同时不允许超过机床的功率和机床、刀具、工件、夹具等的强度和刚度。

钻孔时，切削深度已由钻头直径所决定。

切削速度和进给量对生产量的影响是相同的。

对钻头使用寿命来说，切削速度的影响大于进给量的影响，因为切削速度的增大，直接引起切削温度的升高和摩擦力的增大。

对孔的表面粗糙度的影响，却是进给量明显大于切削速度。因为进给量越大，加工表面的残留面积越大，表面越粗糙。

因此，选择切削用量的基本原则是：在允许范围内，尽量先选用较大的进给量。当进给量受到表面粗糙度及钻头刚度限制时，再考虑较大的切削速度。具体选择时，则应根据钻头直径、钻头材料、工件材料、表面粗糙度等几个方面决定。

2．钻孔时常见问题及解决方案（见表 11-3）

表 11-3   钻孔时常见问题及解决方案

出现的问题	产 生 原 因
孔大于规定尺寸	1．钻头两切削刃长度不等 2．钻床主轴径向偏摆或工作台未锁紧有松动 3．钻头本身弯曲或装夹不好，使钻头有过大的径向跳动
孔壁粗糙	1．钻头不锋利 2．进给量太大 3．切削液选用不当或供应不足 4．钻头过短，排屑槽堵塞
孔位偏移	1．工件划线不正确 2．钻头横刃太长，定心不准，起钻过偏而没有纠正
孔歪斜	1．工件上与孔垂直的平面与主轴不垂直，或钻床主轴与工作台面不垂直 2．工件安装时安装接触面上的切屑未清除干净 3．工件装夹不牢，钻孔时产生歪斜或工件有砂眼 4．进给量过大使钻头产生弯曲变形
钻孔呈多角形	1．钻头后角太大 2．钻头两主切削刃长短不一，角度不对称
钻头工作部分折断	1．钻头用钝仍继续钻孔 2．钻孔时未经常清理接触面上的切屑，在钻头螺旋槽内形成阻塞 3．孔将钻通时没有减小进给量 4．进给量太大 5．工件未夹紧，钻孔时产生松动 6．在钻黄铜等软材料时，钻头后角太大，前角又没有修磨小而造成扎刀现象

续表

出现的问题	产 生 原 因
切削刃迅速磨损或崩裂	1. 切削速度太高 2. 没有根据工件材料硬度来刃磨钻头角度 3. 工件表面或内部硬度高或有砂眼 4. 进给量太大 5. 切削液不足

习题与思考

1. 简述麻花钻各组成部分的名称及其作用。

2. 标准麻花钻有哪些特点？

3. 分析在刃磨过程中前角、后角、主偏角及刃倾角的变化规律。

4. 钻孔时如何选用切削液？

5. 试述钻孔时可能出现的问题及其产生的原因。

6. 在厚度为 50mm 的 45 钢板上钻 ϕ20mm 的通孔，每件 6 孔，共 25 件，选用切削速度为 15.7m/min，进给量为 0.5mm/r，钻头顶角为 120°。求钻完这批工件的钻削时间。

项目十二 扩孔和铰孔

项目任务

图 12-1 所示为扩、铰孔练习图。通过铰孔练习主要掌握铰刀的种类及特性。要熟练掌握铰孔操作方法。

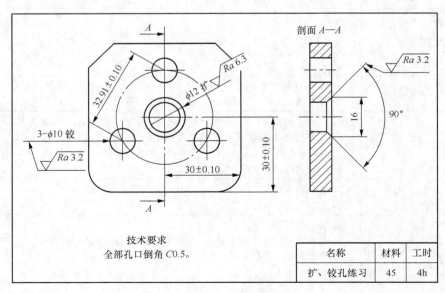

图 12-1 扩、铰孔练习

【知识目标】

了解铰刀的结构及其用途。

【技能目标】

（1）提高钻头的刃磨水平。

（2）能合理选择切削用量。

（3）能正确实施扩孔、锪孔、铰孔操作。

相关工艺知识

1. 扩孔

用扩孔钻或麻花钻对工件原有的孔进行扩大的加工方法称为扩孔，如图 12-2 所示。

（1）扩孔的应用。由于扩孔的切削条件比钻孔有较大改善，所以扩孔钻的结构与麻花钻相比有较大区别。其结构特点是：因中心不切削，没有横刃；因扩孔产生切屑体积小，钻芯粗，刀齿增加，使之具有较好的刚度、导向性和切削稳定性，能增大切削用量。扩孔一般应用于孔的半精加工和铰孔的预加工。

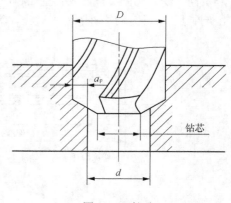

图 12-2　扩孔

（2）扩孔的切削用量。

① 扩孔前钻孔直径的确定。用麻花钻扩孔时，钻孔直径为 0.5～0.7 倍的要求孔径；用扩孔钻扩孔，钻孔直径为 0.9 倍的要求孔径。

② 背吃刀量。扩孔量背吃刀量为

$$a_{\mathrm{p}} = \frac{D-d}{2}$$

式中：d——原有孔的直径；

D——扩孔后的直径。

实际生产中，一般可用麻花钻代替扩孔钻使用。扩孔钻使用于成批大量扩孔加工。

2. 锪孔

用锪钻在孔口表面加工出一定形状的孔或表面的方法，称为锪孔。其加工类型如图 12-3 所示。

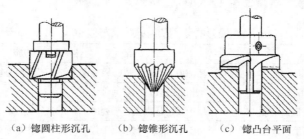

（a）锪圆柱形沉孔　（b）锪锥形沉孔　（c）锪凸台平面

图 12-3　锪钻的加工类型

锪孔方法与钻孔方法基本相同，但锪孔时刀具容易振动，故锪孔时应注意以下几点。

（1）锪孔时的切削速度应为钻孔时的 1/3～1/2，进给量为钻孔的 2～3 倍。

（2）锪钻的刀杆和刀片装夹要牢固，工件夹持要稳定。

（3）锪钢件时，要在导柱和切削表面加切削液。

3. 铰孔

用铰刀从工件孔壁上切除微量金属层，以获得较高尺寸精度和较小粗糙度值的方法，称为铰孔，如图 12-4 所示。铰刀是精度较高的多刃刀具，具有切削量小、导向性好、加工精度高等特点。一般尺寸精度可达 IT9～IT7 级，表面粗糙度 Ra 值可达 3.2～0.8μm。

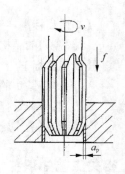

图 12-4　铰孔

（1）铰刀。

① 铰刀的组成。铰刀由柄部、颈部和工作部分组成，如图 12-5 所示。工作部分又有切削部分和校准部分。切削部分担负切去铰孔余量的任务。校准部分有棱边，主要起定向、修光孔壁、保证铰孔直径和便于测量等作用。为了减小铰刀和孔壁的摩擦，校准部分磨出倒锥量。铰刀齿数一般为 4～8 齿，为测量直径方便，多采用偶数齿。

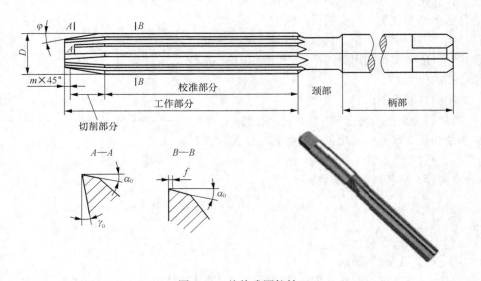

图 12-5　整体式圆柱铰刀

② 铰刀的种类。铰刀常用高速钢或高碳钢制成，使用范围较广，其分类及结构特点与应用如表 12-1 所示。铰刀的基本类型如图 12-6 所示。

表 12-1　　　　　　　　　　　铰刀的分类及结构特点与应用

分　类			结构特点与应用
按使用方法	手用铰刀		柄部为方榫形，以便铰杠套入。其工作部分较长，切削锥角较小
	机用铰刀		工作部分较短，切削锥角较大
按结构	整体式圆柱铰刀		用于铰削标准直径系列的孔
	可调式手用铰刀		用于单件生产和修配工作中需要铰削的非标准孔
按外部形状	直槽铰刀		用于铰削普通孔
	锥铰刀	1：10 锥铰刀	用于铰联轴器上与锥销配合的锥孔
		莫氏锥铰刀	用于铰削 0～6 号莫氏锥孔

续表

分 类			结构特点与应用
按外部形状	锥铰刀	1：30 锥铰刀	用于铰削套式刀具上的锥孔
		1：50 锥铰刀	用于铰削圆锥定位的销孔
	螺旋槽铰刀		用于铰削带键槽的内孔
按切削部分材料	高速钢铰刀		用于铰削各种碳钢或合金钢
	硬质合金铰刀		用于高速或硬材料铰削

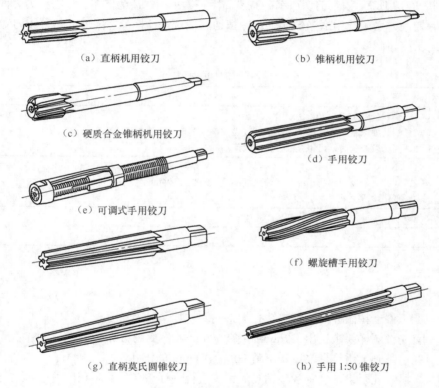

（a）直柄机用铰刀　　　　　　　　（b）锥柄机用铰刀

（c）硬质合金锥柄机用铰刀　　　　（d）手用铰刀

（e）可调式手用铰刀　　　　　　　（f）螺旋槽手用铰刀

（g）直柄莫氏圆锥铰刀　　　　　　（h）手用 1:50 锥铰刀

图 12-6　铰刀的基本类型

（2）铰孔方法。

① 铰削余量的确定。铰削余量是指上道工序（钻孔或扩孔）完成后，在直径方向所留下的加工余量。如余量太大，不但孔铰不光，而且铰刀易磨损；余量太小，则不能去掉上道上序留下的刀痕，达不到要求的表面质量。通常应考虑到孔径大小、材料软硬、尺寸精度、表面粗糙度要求、铰刀类型及加工工艺等多种因素合理选择。一般粗铰削余量为 0.15～0.35mm，精铰削余量 0.1～0.2mm。具体可参照表 12-2 所示数值。

表 12-2　　　　　　　　　　　　　　铰削余量

铰孔直径/mm	<5	5～20	21～32	33～50	51～70
铰孔余量/mm	0.1～0.2	0.2～0.3	0.3	0.5	0.8

② 机铰的切削速度和进给量。为了获得较小的加工表面粗糙度，必须避免产生积屑瘤，减少

切削热变形，应取较小的切削速度。铰钢件时 v_0=4～8m/min，铰铸铁件时 v_0=6～8m/min，铰钢件及铸铁件时的进给量可取 0.4～1mm/r，铰铜、铝可取 1～1.2 mm/r。

③ 操作方法如下。

a. 手铰时，两手用力要均匀、平衡，不得有侧向压力，同时适当加压，使铰刀均匀地进给。

b. 铰刀铰孔或退出铰刀时，铰刀不能反转，防止刃口磨钝并将孔壁划伤。

c. 机铰时应使工件一次装夹进行钻、铰工作，铰毕后，要铰刀退出后再停车，以防孔壁拉出痕迹。

④ 铰削时的切削液。铰削的切屑细碎且易黏附在刀刃上，甚至挤在孔壁与铰刀之间，将已加工表面拉伤。铰削时必须选用适当的切削液冲掉切屑，减少摩擦，并降低工件与铰刀温度。选用时参考表 12-3 所示内容。

表 12-3　　　　　　　　　　　　铰孔时的切削液

工件材料	切　削　液
钢	1. 体积分数 10%～20% 2. 铰孔要求较高时，可采用体积分数为 30%菜油加 70%乳化液 3. 高精度铰削时，可用菜油、柴油或猪油
铸铁	1. 不用 2. 煤油，但要引起孔径缩小（最大缩小量：0.02～0.04mm） 3. 低浓度乳化液
铝	煤油
铜	乳化液

项目实施

操作一　在工件上按图样要求划出钻孔加工线。

操作二　首先按图样要求钻出 ϕ12mm 的底孔 ϕ8mm，然后用 ϕ12mm 的麻花钻钻孔。

操作三　在前基础上用锥形锪钻锪出角 90°、ϕ16mm 的锥孔。

操作四　按照铰孔余量，确定各项钻孔的钻头直径进行钻孔，并对孔口进行 C0.5 倒角。

操作五　铰各圆柱孔，并用塞规进行检测。

操作六　倒钝锐边并去毛刺，复检各尺寸。

项目测评（见表 12-4）

表 12-4　　　　　　　　　　　　等分定位块加工评分标准

班级：＿＿＿＿　姓名：＿＿＿＿　学号：＿＿＿＿　成绩：＿＿＿＿

序号	技术要求	配分	评分标准	自检记录	交检记录	得分
1	ϕ10mm（三处）	5×3	每处超差扣 5 分			
2	ϕ12mm	4	每处超差扣 3 分			
3	Ra≤3.2μm（四处）	2×4	每处超差扣 4 分			
4	（32.91±0.10）mm（三处）	5×3	超差不得分			

续表

序号	技术要求	配分	评分标准	自检记录	交检记录	得分
5	（30±0.05）mm（两处）	5×2	超差不得分			
6	孔口倒角 C0.5（四孔）	2×4	每处超差扣 4 分			
7	手铰方法正确	20	每处超差扣 4 分			
8	∨ $\phi16×90°$	6				
9	孔口倒角 C0.2mm（六处）	0.5×8	超差不得分			
10	安全文明生产	10	违者不得分			

知识链接

铰孔时出现的问题及解决方案如表 12-5 所示。

表 12-5   铰孔时常见问题及解决方案

出现的问题	产 生 原 因
加工表面粗糙度大	1. 铰孔余量太大或太小 2. 铰刀的切削刃不锋利，刃口崩裂或有缺口 3. 没使用切削液，或选用不适当的切削液 4. 铰刀退出时反转，手铰时铰刀旋转不平稳 5. 切削速度太高产生刀瘤，或刀刃上黏有切屑 6. 容屑槽内切屑阻塞
孔呈多角形	1. 切削余量太大，铰刀振动 2. 铰孔前底孔不圆，铰刀发生弹跳现象
孔径缩小	1. 铰刀磨损 2. 铰铸铁时加煤油 3. 铰刀已磨损
孔径扩大	1. 铰刀中心线与钻孔中心线不同轴 2. 铰孔时两手用力不均匀 3. 铰削钢件时没加切削液 4. 进给量与铰削余量过大 5. 机铰时，钻轴摆动太大 6. 切削速度太高，铰刀热膨胀 7. 操作粗心，铰刀直径大于要求尺寸 8. 铰锥孔时没及时用锥销做检查

习题与思考

1．试述铰孔的种类及特点。

2．试述铰孔的工作要点。

3．如何确定铰削用量？余量大小对铰孔有哪些影响？

项目十三　攻螺纹

项目任务

图 13-1 所示为攻螺纹练习图，材料由铰孔练习转下。通过练习，掌握攻螺纹前底孔直径的确定和攻螺纹方法，懂得丝锥折断、歪斜等废品产生的原因。

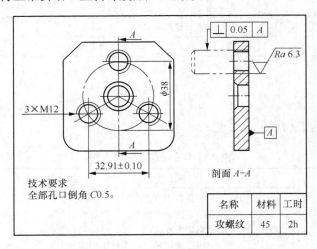

名称	材料	工时
攻螺纹	45	2h

图 13-1　攻螺纹练习图

【知识目标】

掌握攻螺纹前底孔直径的确定方法。

【技能目标】

（1）掌握攻螺纹方法。

（2）熟悉丝锥折断产生的原因和防止方法。

相关工艺知识

用丝锥在工件孔上切削出内螺纹的加工方法称为攻螺纹，如图 13-2 所示。攻螺纹的类型多为三角形螺纹，通常用于小尺寸的螺纹加工，特别适合单件生产和机修配合，在需要连接时使用。常用的有以下几种。

① 公制螺纹。公制螺纹也叫普通螺纹，螺纹牙型角为 60°，分粗牙和细牙两种。

② 英制螺纹。英制螺纹牙型角为 55°，在我国只用于修配，新产品不使用。

图 13-2　攻螺纹

③ 管螺纹。是用于管连接的一种英制螺纹，管螺纹的公称直径为管子的内径。用英寸表示，如 1/2in、3/4in 等。

④ 圆锥管螺纹。也是用于管道连接的一种英制螺纹，牙型角有 55° 和 60° 两种，锥度为 1：16。

1．攻螺纹工具

攻螺纹工具主要有丝锥和铰杠。

（1）丝锥。如图 13-3 所示，丝锥由柄部和工作部分组成。柄部是攻螺纹被夹持的部分，起传递扭矩的作用。工作部分由切削部分 L_1 和校准部分 L_2 组成，切削部分的前角 $\gamma_o = 8° \sim 10°$，后角 $\alpha_o = 6° \sim 8°$，起切削作用。校准部分有完整的牙形，用于修光和校准已切出的螺纹，并引导丝锥沿轴向前进。

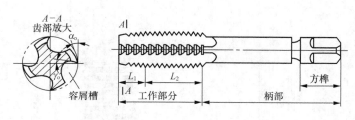

图 13-3　丝锥

（2）铰杠。铰杠是手工攻螺纹时用来夹持丝锥的工具。铰杠分固定式铰杠和可调式铰杠，如图 13-4 所示。

2. 攻螺纹工艺

（1）攻螺纹前底孔直径的确定。攻螺纹前底孔直径 d 从理论上讲等于螺纹的小径，但加工中金属材料受丝锥的挤压而产生变形，使攻出螺纹的小径小于底孔直径，此时，如果螺纹牙顶与丝锥牙底之间没有足够的容屑空间，丝锥就会被挤压出来的材料箍住，易造成崩刃、折断和螺纹烂牙。因此，攻螺纹之前的底孔直径应稍大于螺纹小径，如图 13-5（a）所示。一般应根据工件材料的塑性和钻孔的扩张量来考虑，使攻螺纹时既有足够的空隙容纳被挤出的材料，又能保证加工出来的螺纹具有完整的牙形。

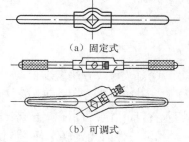

（a）固定式

（b）可调式

图 13-4　铰杠

加工普通螺纹底孔的钻头直径计算公式如下。

对钢和其他塑性材料，扩张量中等

$$D_{孔} = D - P$$

对铸铁和其他塑性小的材料，扩张量较小

$$D_{孔} = D - (1.05 \sim 1.1)P$$

式中：$D_{孔}$——螺纹底孔钻头直径，mm；

　　　　D——螺纹大径，mm；

　　　　P——螺距，mm。

（2）攻螺纹前底孔深度的确定。攻盲孔螺纹时，由于丝锥切削部分不能攻出完整的螺纹牙形，所以孔深要大于螺纹的有效长度，如图 13-5（b）所示。

钻孔深度的计算方式为

$$H_{深} = h_{有效} + 0.7D$$

式中：$H_{深}$——底孔深度，mm；

　　　　$h_{有效}$——螺纹有效长度，mm；

　　　　D——螺纹大径，mm。

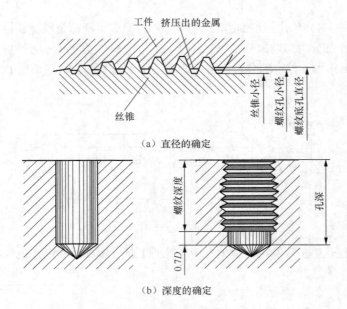

（a）直径的确定

（b）深度的确定

图 13-5　攻螺纹前底孔的确定

（3）攻螺纹方法及步骤。

① 钻孔后，孔口须倒角，且倒角处的直径应略大于螺纹大径，这样可使丝锥开始切削时容易切入材料，并可防止孔口被挤压出凸边。

② 工件的装夹位置应尽量使螺孔中心线置于垂直或水平位置，使攻螺纹时易于判断是否垂直于工件表面。

③ 起攻时，要把丝锥放正，然后用手压住丝锥并转动铰杠，如图 13-6（a）所示。当丝锥切入 1～2 圈后，应及时检查并校正丝锥的位置，如图 13-6（b）所示。检查应在丝锥的前后、左右方向上进行。

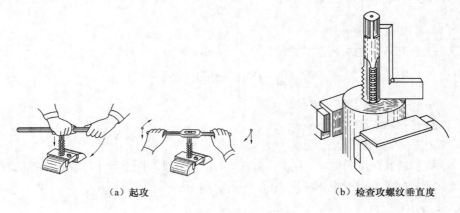

（a）起攻

（b）检查攻螺纹垂直度

图 13-6　攻螺纹方法

④ 当丝锥切入 3～4 圈螺纹时，只需转动铰杠即可，应停止对丝锥施加压力，否则螺纹牙形将被破坏。攻螺纹时，每转铰杠 1/2～1 圈，要倒转 1/4～1/2 圈，使切屑断碎后易于排除，避免因切屑阻塞而使丝锥卡死。

⑤ 攻不通孔时，要经常退出丝锥，清除孔内切屑，以免丝锥折断或被轧住。当工件不便倒向时，可用磁性棒吸出切屑。

⑥ 攻韧性材料的螺孔时，要加注切削液以减小切削阻力、减小螺孔的表面粗糙度、延长丝锥寿命；攻钢件时加机油；攻铸件时加煤油；螺纹质量要求较高时加工业植物油。

⑦ 攻螺纹时，必须以头锥、二锥、三锥的顺序攻削至标准尺寸。在较硬材料上攻螺纹时，可以各丝锥轮换交替进行，以减小切削刃部的负荷，防止丝锥折断。

⑧ 丝锥退出时，先用铰杠平稳反向转动，当能用手旋转丝锥时，停止使用铰杠，防止铰杠带动丝锥退出，从而产生摇摆、振动并损坏螺纹表面粗糙度。

项目实施

操作一　先在废料上进行钻孔和攻螺纹姿势练习。

操作二　按图 13-1 所示尺寸要求划出各螺纹的加工位置线，如图 13-7 所示。

操作三　再用划规划出底孔的尺寸界线，如图 13-8 所示。

操作四　钻各螺纹底孔，并对孔口进行倒角，如图 13-9 所示。

操作五　攻制 3×M12mm 螺纹，并用相应的螺栓进行配检。

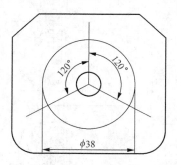　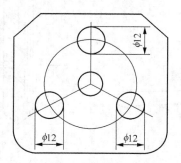　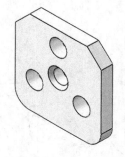

图 13-7　攻螺纹前底孔位置　　图 13-8　底孔的尺寸界线　　图 13-9　钻底孔、倒角

项目测评（见表 13-1）

表 13-1　　　　　　　　　　　　攻螺纹评分标准

班级：_____　姓名：_____　学号：_____　成绩：_____

序号	技术要求	配分	评分标准	自检记录	交检记录	得分
1	丝锥选用正确	5	不合格不得分			
2	起攻方法正确	15	不合格不得分			
3	动作协调	20	不合格不得分			
4	M12（三处）	5×3	超差一处扣 3 分			
5	（32.91±0.10）mm（三处）	5×3	超差不得分			
6	⊥ 0.05 A（两处）	5×2	超差不得分			
7	表面粗糙度（Ra）6.3μm	10	超差不得分			
8	安全文明生产	10	违者不得分			

知识链接

断丝锥的处理方式

在攻螺纹时，常因操作不当造成丝锥断在孔内，取出不易，此时盲目敲打强取将会损坏螺孔，甚至将工件报废，必须做到安全文明操作。应当先清除螺孔内切屑及丝锥碎屑，加入适当润滑油，根据折断情况采取不同方法。

（1）当丝锥折断部分露出孔外时，可直接用钳子拧出。

（2）用冲头或尖錾子抵在丝锥容屑槽内，轻轻的正反方向反复敲打，使之松动后用工具旋出，如图 13-10 所示。

（3）在带方榫的一段断丝锥上旋上两只螺母，用钢丝插入断丝锥和螺母间空槽中，用铰杠顺着退出方向扳动方榫，旋出断丝锥，如图 13-11 所示。

（4）堆焊变杆或螺母取出断丝锥，如图 13-12 所示。

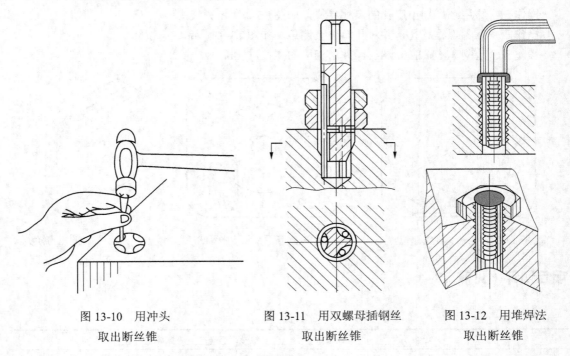

| 图 13-10　用冲头 | 图 13-11　用双螺母插钢丝 | 图 13-12　用堆焊法 |
| 取出断丝锥 | 取出断丝锥 | 取出断丝锥 |

（5）用乙炔火焰或喷灯将丝锥退火后用钻头钻掉。

（6）断丝锥在不锈钢中可以用硝酸腐蚀。

（7）在加工形状复杂的工件时发生断丝锥，可用电火花加工将断丝锥熔蚀掉。

习题与思考

1．试述丝锥的各部分名称、结构特点及其作用。

2．攻螺纹前的底孔直径是否等于螺纹内径？为什么？

3．试分析攻螺纹时丝锥损坏及产生废品的原因。

项目十四　套螺纹

项目任务

图 14-1 所示为套螺纹练习图。通过练习，掌握套螺纹前圆杆直径的确定和套螺纹方法，懂得螺纹歪斜等废品产生的原因。

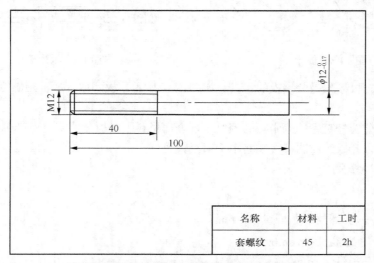

图 14-1　套螺纹练习

【知识目标】

掌握套螺纹前圆杆直径的确定方法。

【技能目标】

能对圆杆进行套螺纹操作。

相关工艺知识

用板牙在圆柱上切削出外螺纹的加工方法称为套螺纹，如图 14-2 所示。

1. 套螺纹工具

（1）板牙。板牙是加工外螺纹的工具，它由合金工具钢或高速钢制成并经淬火处理。

如图 14-3 所示，板牙由切削部分、校准部分和排屑孔部分组成。板牙两端面都有切削部分，待一端磨损后，

图 14-2　套螺纹

可换另一端使用。

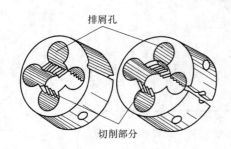

图 14-3　板牙

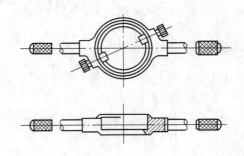

图 14-4　板牙架

（2）板牙架。板牙架是装夹板的工具，如图 14-4 所示。板牙放入后，用螺钉紧固。

2．套螺纹工艺

（1）套螺纹前圆杆直径的确定。套螺纹时，金属材料因受板牙的挤压而产生变形，牙顶将被挤得高一些，所以套螺纹前圆杆直径略小于螺纹大径。

圆杆直径的计算公式为

$$d_{杆} = d - 0.13P$$

式中：$d_{杆}$——套螺纹前圆杆直径，mm；

　　　d——螺纹大径，mm；

　　　P——螺距，mm。

（2）套螺纹方法及步骤。

① 圆杆端头倒角，以便于圆板牙切入，倒角角度为 15°～20°。

② 工件一般用衬垫包起后用 V 形块夹持在台虎钳上。

③ 起套方法同起攻方法相同，可参照图 13-6（a）。

④ 当圆板牙切入 1～2 圈时，应目测检查和校正板牙的正确位置，不得歪斜；当板牙切入 3～4 圈时，应停止施加压力，让板牙自然旋进，如图 14-5 所示。

⑤ 在套螺纹过程中，也应经常倒转 1/4～1/2 圈，以断屑、排屑。

⑥ 套螺纹时，应适当加注切削液。

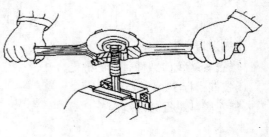

图 14-5　套螺纹方法

项目实施

操作一　按图样尺寸进行下料，对圆杆两端进行倒锥。

操作二　按要求对圆杆进行套螺纹，达到要求。

操作三　用项目十三和板材对圆杆进行配检。

项目测评（见表 14-1）

表 14-1　　　　　　　　　　　　　套螺纹评分标准

班级：_____　姓名：_____　学号：_____　成绩：_____

序号	技术要求	配分	评分标准	自检记录	交检记录	得分
1	板牙选用正确	10	不合格不得分			
2	起套方法正确	20	不合格不得分			
3	动作协调	20	不合格不得分			
4	M12	30	超差一处扣 2 分			
5	表面粗糙度（Ra）6.3μm	10	超差不得分			
6	安全文明生产	10	违者不得分			

知识链接

攻套螺纹常见的缺陷和产生原因如表 14-2 所示。

表 14-2　　　　　　　　　　攻套螺纹常见的缺陷和产生原因

出现的缺陷	产　生　原　因
螺纹乱牙	1. 攻螺纹时底孔直径太小，起攻困难，左右摆动，孔口乱牙 2. 换用二、三锥时强行校正，或没旋合好就攻下 3. 圆杆直径过大，起套困难，左右摆动，杆端乱牙
螺纹滑牙	1. 攻不通孔的较小螺纹时，丝锥已到底后仍继续攻下 2. 攻强度低或小孔径螺纹时，丝锥已切出螺纹仍继续加压，或攻完时连同铰杠做自由的快速转出 3. 未加适当切削液及一直攻、套不倒转，切屑堵塞将螺纹啃坏
螺纹歪斜	1. 攻、套螺纹时位置不正，起攻或起套时未做垂直度检查 2. 孔口、杆端倒角不良，两手用力不均匀，切入时歪斜
螺纹形状不完整	1. 螺纹孔部直径太大，或套螺纹圆杆直径太小 2. 圆杆不直 3. 板牙经常摆动
丝锥折断或板牙开裂	1. 底孔太小 2. 攻入时丝锥歪斜后强行校正 3. 没有经常反转断屑和清屑，或不通孔攻到底，还继续攻下 4. 使用铰杠不当 5. 丝锥、板牙齿爆裂或磨损过多而强行攻下 6. 工件材料过硬或夹有硬点 7. 两手用力不匀或用力过猛

习题与思考

1. 试述板牙的各部分名称、结构特点及其作用。
2. 套螺纹前的圆杆直径为什么要比螺纹直径小一些？
3. 试述套螺纹时的工作要点。

项目十五 锉配凹形体

项目任务

试加工图 15-1 所示的四方体，图 15-2 所示为其实物图。

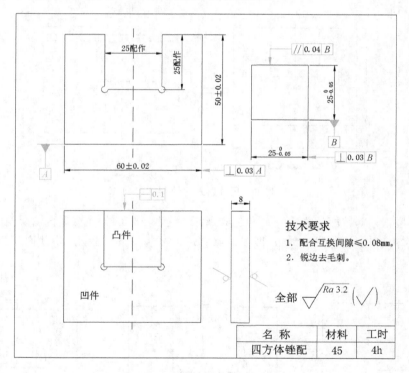

图 15-1 四方体零件图

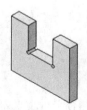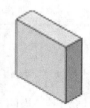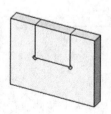

图 15-2 四方体实物图

【技能目标】

（1）掌握尺寸误差对锉配的影响。

（2）掌握垂直度误差和平行度误差的控制方法。

相关工艺知识

用锉削加工方法，使两个互配零件达到规定的配合要求，这种方法称为锉配。四方体形位误差对锉配的影响如下所述。

（1）尺寸误差对锉配的影响。如图 15-3（a）所示，若四方体的一组尺寸加工至 25mm，另一组尺寸加工至 24.95mm，认向锉配在一个位置可得到零间隙；但在转位 90°后，如图 15-3（b）所示，刚出现一组尺寸存在 0.05mm 的间隙，另一组尺寸出现错位量误差，做修整配入后，引起配合面间间隙扩大，其值为 0.05mm。

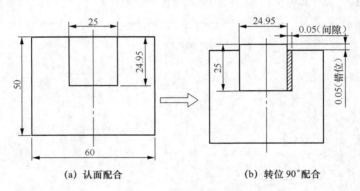

图 15-3　尺寸误差对锉配的影响

（2）垂直度误差对锉配的影响。如图 15-4 所示，当四方体的一面有垂直度误差，且在一个位置锉配后得到零间隙，则在转位 180°做配入修整后，产生附加间隙 Δ，将使内四方体呈平行四边形。

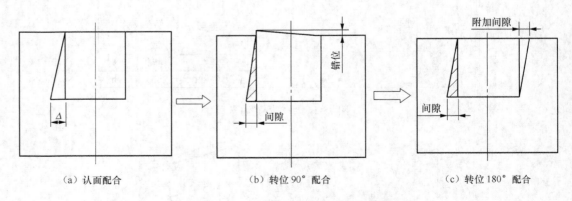

（a）认面配合　　　　　　　　（b）转位 90°配合　　　　　　　　（c）转位 180°配合

图 15-4　垂直度误差对锉配的影响

（3）平行度误差对锉配的影响。如图 15-5 所示，当四方体有平行度误差时，在一个位置锉配后能得到零间隙；转位 90°或 180°做配入修整后，使内四方体小尺寸处产生间隙 Δ_1 和 Δ_2。

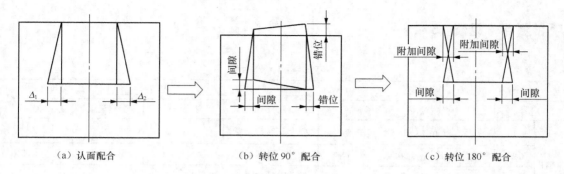

（a）认面配合　　　　　　　　（b）转位90°配合　　　　　　　　（c）转位180°配合

图 15-5　平行度误差对锉配的影响

（4）平面度误差对锉配的影响。当四方体加工面出现平面度误差后，将使四方体出现局部间隙或喇叭口。

项目实施

操作一　检查来料尺寸是否符合加工要求。

操作二　划线、锯割分料。

操作三　按四方体加工方法加工，使凸件达到精度要求。

操作四　锉配凹形体。

（1）锉削凹形体外形面，保证外形尺寸及形位公差要求。

（2）如图 15-6 所示，划出凹形体各面加工界线，并用加工好的四方体校对划线的正确性。

（3）如图 15-7 所示，用 $\phi3mm$ 的麻花钻钻排孔，并钻 2-$\phi3mm$ 的工艺孔。用扁錾錾去凹形面余料，然后用锉刀粗锉至接近线，单边留有 0.1～0.2mm 的余量作锉配用。

（4）细锉凹形体两侧面，控制两侧尺寸相等，并用凸件试配，如图 15-8 所示，达到配合间隙要求。

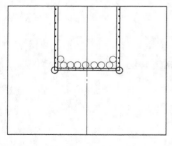

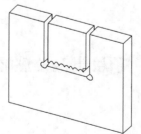
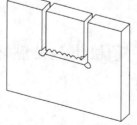
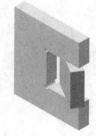

图 15-6　划线　　　　图 15-7　用 $\phi3mm$ 的麻花钻钻排孔　　　图 15-8　凸件试配方法

（5）以凸件为基准，凹形体两侧为导向，锉配凹形体底面，保证配合间隙及配合直线度要求。

（6）全面检查，做必要的修整，锐边去毛刺、倒棱。

项目测评（见表 15–1）

表 15–1　　　　　　　　　　　四方体锉配评分标准

班级：_____　姓名：_____　学号：_____　成绩：_____

序号		技术要求	配分	评分标准	自检记录	交检记录	得分
凸件	1	$25_{-0.05}^{0}$ mm（两处）	7×2	超差一处扣 7 分			
	2	// 0.04 B （两处）	4×2	超差一处扣 4 分			
	3	⊥ 0.03 B （四处）	4×3	超差一处扣 4 分			
	4	表面粗糙度（Ra）3.2μm	4	超差一处扣 1 分			
凹件	5	（60±0.02）mm	7	超差不得分			
	6	（50±0.02）mm	7	超差不得分			
	7	⊥ 0.03 A	4	不合格不得分			
	8	表面粗糙度（Ra）3.2μm	8	超差一处扣 1 分			
配合	9	间隙≤0.08mm（十二处）	2×12	超差一处扣 2 分			
	10	─ 0.10 （四处）	3×4	超差一处扣 3 分			
	11	安全文明生产	扣分	违者扣 2 分，严重者扣 5 分～10 分			

知识链接

锉配工件时的注意事项。

（1）凸件是基准，尺寸、形位误差应控制在最小范围内，尺寸尽量到上限，使锉配时有修整的余地。

（2）凹件外形基准面要相互垂直，以保证划线的准确性及锉配时有较好的测量基准。

（3）锉配部位的确定，应在涂色或透光检查后再从整体情况考虑，避免造成局部间隙过大。

（4）试配过程中，不能用锤子敲击，退出时也不能直接敲击，以免将配合面咬毛、变形及表面敲毛。

项目十六　锉配凹凸体

项目任务

图 16-1 所示为凹凸配零件图，其实物图如图 16-2 所示。

【知识目标】

掌握尺寸链的换算方法。

【技能目标】

（1）掌握对称度的控制方法和检测技能。

（2）锉配合间隙的控制。

（3）掌握凹凸件的锉配技能。

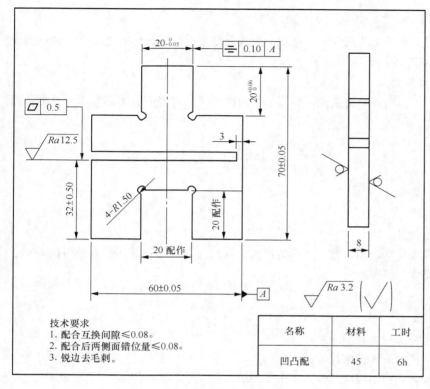

图 16-1 凹凸配零件图

图 16-2 凹凸配实物图

名称	材料	工时
凹凸配	45	6h

技术要求
1. 配合互换间隙≤0.08。
2. 配合后两侧面错位量≤0.08。
3. 锐边去毛刺。

相关工艺知识

1. 尺寸链的基本概念

在零件加工或机器装配中，由相互关联的尺寸形成的封闭尺寸组，称为尺寸链。

如图 16-3（a）所示，加工时以 B 面为测量基准，尺寸 A_1 及 A_2 为加工时的工艺尺寸，A_0 则为加工过程中最后形成的尺寸。此时 A_1、A_2、A_0 将形成封闭外形，并可划成如图 16-3（b）所示的尺寸简图。为简便起见，尺寸链简图通常不绘出具体结构，也不必按严格的比例，而只是依次绘出各有关尺寸，排列成封闭外形即可。

2. 尺寸链的环

构成尺寸链的每一个尺寸，都称为尺寸链的环，每个尺寸链至少有三个环。

（1）封闭环。在零件加工或装配过程中，最后自然形成（或间接获得）的尺寸，称为封闭环。一个尺寸链只有一个封闭环，如图 16-3 中的 A_0。在装配尺寸链中，封闭环即为装配技术要求。

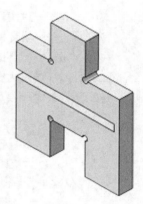

（a）尺寸链的形成   （b）尺寸链简图

图 16-3 尺寸链

（2）组成环。尺寸链中除封闭环以外的其余尺寸都称为组成环。同一尺寸链中的组成环用同一字母表示，如 A_0、A_1、A_2、B_0、B_1、B_2 等。

（3）增环。在其他组成环不变的条件下，当某一组成环增大时，封闭环也随之增大，则该组成环称为增环，如图 16-3 中的 A_1。增环用表示 $\vec{A_1}$ 表示。

（4）减环。在其他组成环不变的条件下，当某一组成环增大时，封闭环随之减小，则该组成环称为减环，如图 16-3 中的 A_2。减环用表示 $\overleftarrow{A_2}$ 表示。

3. 封闭环的极限尺寸及公差

（1）封闭环的基本尺寸。由尺寸链简图可以看出，封闭环尺寸等于所有增环基本尺寸之和减去所有减环基本尺寸之和，即

$$A_0 = \sum_{i=1}^{m} \vec{A_i} - \sum_{i=1}^{n} \overleftarrow{A_i}$$

式中：A_0——封闭环基本尺寸；

　　　　m——增环的数目；

　　　　n——减环的数目。

（2）封闭环的最大极限尺寸。当所有增环都为最大极限尺寸，而所有减环都为最小极限尺寸时，封闭环为最大极限尺寸，可表示为

$$A_{0\max} = \sum_{i=1}^{m} \vec{A}_{i\max} - \sum_{i=1}^{n} \overleftarrow{A}_{i\min}$$

式中：$A_{0\max}$——封闭环的最大极限尺寸；

　　　　$A_{i\max}$——各增环的最大极限尺寸；

　　　　$A_{i\min}$——各减环的最小极限尺寸。

（3）封闭环的最小极限尺寸。当所有增环都为最小极限尺寸，而所有减环都为最大极限尺寸时，封闭环为最小极限尺寸，可表示为

$$A_{0\min} = \sum_{i=1}^{m} \vec{A}_{i\min} - \sum_{i=1}^{n} \overleftarrow{A}_{i\max}$$

式中：$A_{0\min}$——封闭环的最小极限尺寸；

　　　　$A_{i\min}$——各增环的最小极限尺寸；

　　　　$A_{i\max}$——各减环的最大极限尺寸。

（4）封闭环公差。封闭环等于封闭环最大极限尺寸减去封闭环最小极限尺寸之差，即

$$T_0 = \sum_{i=1}^{m+n} T_i$$

上式表明，封闭环的公差等于各组成环的公差之和。

例 16-1 加工图 16-1 所示的凹凸配，由于量具所限，加工中仅有外径千分尺可供使用，尺寸 $20^{+0.06}_{0}$ 一般通过控制 A_2（见图 16-3（a））来保证。求应控制 A_2 在什么范围内才能满足加工要求？

解：（1）根据题意划出尺寸链简图（见图 16-3（b））。

（2）确定封闭环、增环和减环。

A_1、A_2 为直接测得尺寸，$20^{+0.06}_{0}$ 为间接得到尺寸，为封闭环。而 $\vec{A_1}$ 为增环，$\overleftarrow{A_2}$ 为减环。

（3）列尺寸链方程式，计算 A_2。

$$A_\Delta = \vec{A_1} - \overleftarrow{A_2}$$
$$A_2 = A_1 - A_\Delta = 70 - 20 = 50 \ (\text{mm})$$

（4）确定 A_2 极限尺寸。

$$A_{\Delta max}=\vec{A}_{1max}-\overleftarrow{A}_{2min}$$

$$A_{2min}=A_{1max}-A_{\Delta max}=70.02-20.06=50-0.04（mm）$$

$$A_{\Delta min}=\vec{A}_{1min}-\overleftarrow{A}_{2max} \qquad \overleftarrow{A}_{2max}-\overleftarrow{A}_{2max}=A_{1min}-A_{\Delta min}=70-0.02-20=50-0.02（mm）$$

所以　　$A_2=50^{-0.02}_{-0.04}$ mm

4. 对称度的测量

（1）对称度的概念。对称度误差是指被测表面的对称平面与基准表面的对称平面间的最大偏移距离Δ，如图 16-4 所示。

对称度公差带是指相对基准中心平面对称配置的两个平面之间的区域，两平行平面距离 t 即为公差值，如图 16-5 所示。

（2）对称度测量方法。测量被测表面与基准表面的尺寸 A 和 B，其差值之半即为对称度误差值，如图 16-6 所示。

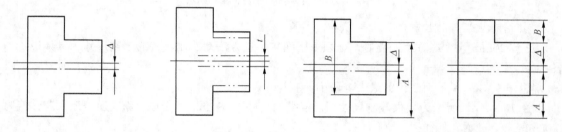

图 16-4　对称度误差　　　　图 16-5　对称度公差带　　　　图 16-6　对称度的测量方法

（3）对称形体工件的划线。平面对称形体工件的划线，应形成对称中心平面的两个基准面精加工后进行。划线基准与该两基准面重合，划线尺寸则按两个对称基准平面间的实际尺寸及对称要素的要求尺寸计算得出。

5. 对称度误差对转位互换精度的影响

当凹、凸件都有 0.5mm 的对称度误差且在一个同方向位置配合达到间隙要求后，得到两侧面平齐，而转位 180°配合后，就会产生一两侧面错位误差，其误差值为 0.1mm，如图 16-7 所示。

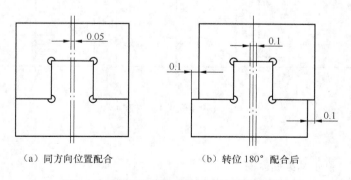

（a）同方向位置配合　　　　　　（b）转位 180°配合后

图 16-7　对称度误差对转位互换精度的影响

6. 垂直度误差对配合间隙的影响

由于凹、凸件各面的加工是以外形为基准测量的，因此外形垂直度要控制在最小范围内。同时，为保证配合互换精度，凹、凸件各型面间也要控制好垂直误差，包括与大平面的垂直度；否则，互换配合后，就会出现很大的间隙，如图 16-8 所示。

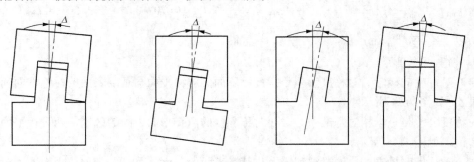

（a）凸型面垂直度误差的影响　（b）凹型面垂直度误差的影响　（c）凹、凸型面同向垂直度误差转位后的影响

图 16-8　垂直度误差对配合间隙的影响

7. 对称度误差的控制

凸台 20mm 尺寸对称度的控制，必须采用间接测量方法来控制有关的工艺尺寸，具体说明如图 16-9 所示。

图 16-9（a）所示为凸台的最大与最小控制尺寸。

图 16-9（b）所示为最大控制尺寸下，取得的尺寸 19.95mm，这时对称度误差最大左偏值为 0.05mm。

图 16-9（c）所示为最小控制尺寸下，取得的尺寸 20mm，这时对称度误差最大右偏值为 0.05mm。

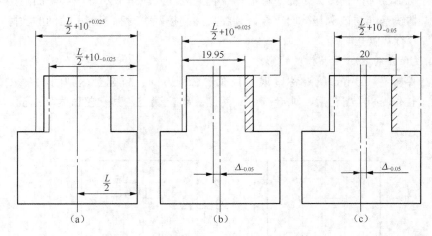

（a）　　　　　　　　（b）　　　　　　　　（c）

图 16-9　间接尺寸控制

项目实施

（1）来料检查，修正基准面。

（2）粗、精锉外形面，达到（60±0.05）mm×（70±0.05）mm 尺寸及垂直、平行等要求，如

图 16-10 所示。

（3）按图划出凹凸体所有加工线，并打上样冲眼，如图 16-11 所示。

（4）钻 4×ϕ3mm 工艺孔及去余料孔，如图 16-12 所示。

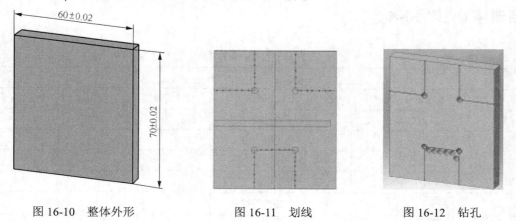

图 16-10 整体外形　　　　图 16-11 划线　　　　图 16-12 钻孔

（5）加工凸形面。

① 如图 16-13 所示，按线锯去凸件角 1 废料，并粗、精锉垂直面。通过间接控制 50mm 尺寸（本处尺寸应控制在 70mm 的实际尺寸 $-20^{+0.06}_{0}$ mm 范围内），来保证 $20^{+0.06}_{0}$ mm 尺寸要求；通过间接控制 40mm 尺寸（本处尺寸应控制在 60mm 的实际尺寸的一半＋$10^{+0.025}_{-0.050}$ mm 范围内），来间接保证 20mm 凸台尺寸要求及对称度在 0.1mm 内。

② 如图 16-14 所示，按线锯去凸件角 2 废料，并粗、精锉垂直面。用上述方法控制 $20^{+0.06}_{0}$ mm 尺寸要求，直接测量 $20^{0}_{-0.05}$ mm 凸台尺寸。

（6）加工凹形面。

① 锯去凹形面余量，粗锉至接近线，留精锉余量。

② 根据凸台形面尺寸，精锉凹形面尺寸。凹形面顶端面，同样通过间接控制 50mm 尺寸（与凸台 50mm 间接尺寸一致）来保证；凹形面两侧面，通过间接控制 20mm 尺寸（此处尺寸控制在 60mm 实际尺寸的一半减去 20mm 凸台实际尺寸的一半再减去间隙值的范围内）来保证，如图 16-15 所示。

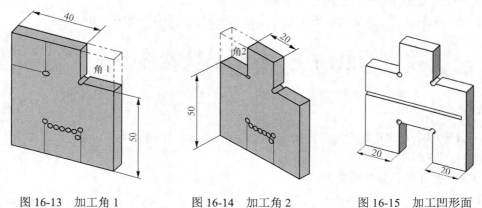

图 16-13 加工角 1　　　　图 16-14 加工角 2　　　　图 16-15 加工凹形面

（7）锯削。锯削时，要求尺寸为（32±0.50）mm，留 3mm 不锯，修去锯口毛刺。

（8）去除毛刺，复检工件上所有的尺寸和各项形位误差。

（9）敲学号，上油，交工件。

项目测评（见表 16-1）

表 16-1　　　　　　　　凹凸配合件评分标准

班级：_____　姓名：_____　学号：_____　成绩：_____

序号	技术要求	配分	评分标准	自检记录	交检记录	得分
1	（70±0.02）mm	7	超差一处扣 5 分			
2	（60±0.02）mm	7	超差不得分			
3	$20_{-0.05}^{0}$ mm	7	超差不得分			
4	$20_{0}^{+0.06}$ mm（两处）	7×2	超差一处扣 5 分			
5	$\boxed{= \mid 0.10 \mid A}$	4	超差不得分			
6	$\boxed{\diagbox \mid 0.50}$	4	超差一处扣 1 分			
7	$Ra \leqslant 3.2\mu m$（十二处）	1×12	超差一处扣 1 分			
8	配合间隙	10	超差一处扣 1 分			
9	互换间隙	10	超差一处扣 1 分			
10	（32±0.50）mm	5	超差一处扣 2 分			
11	错位量 0.1mm	10	超差不得分			
12	安全文明生产	10	违者不得分			

知识链接

（1）外形 60mm×70mm 的实际尺寸必须正确，并取各点实测值的平均数值。外形加工时，尺寸公差尽量控制到零位，便于计算；垂直度、平行度误差应控制在最小范围内。

（2）由于受测量工具的限制，20mm 凸台加工时，只能先加工一个直角面，达到尺寸要求后，再加工另一个直角面，否则无法保证对称度要求。

（3）凹形面的加工，必须根据凸形尺寸来控制公差，间隙值一般在 0.05mm 左右。

项目十七　锉配燕尾形配合件

项目任务

图 17-1 所示为燕尾形配合件零件图，其实物图如图 17-2 所示。

【知识目标】

掌握燕尾加工的计算和测量。

【技能目标】

掌握对燕尾配工件的锉配技能。

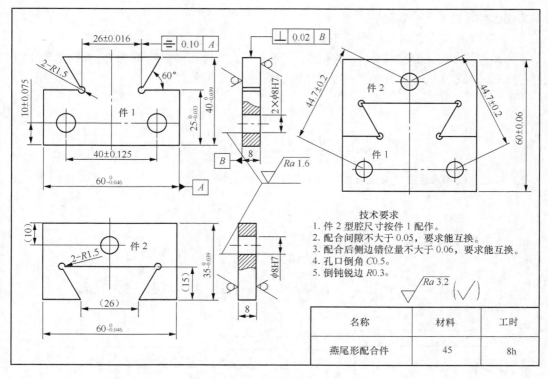

图 17-1   燕尾形配合件零件图

技术要求
1. 件 2 型腔尺寸按件 1 配作。
2. 配合间隙不大于 0.05，要求能互换。
3. 配合后侧边错位量不大于 0.06，要求能互换。
4. 孔口倒角 C0.5。
5. 倒钝锐边 R0.3。

名称	材料	工时
燕尾形配合件	45	8h

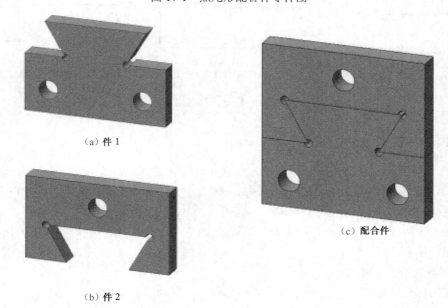

（a）件 1

（b）件 2

（c）配合件

图 17-2   燕尾形配合件实物图

相关工艺知识

图 17-1 所示的燕尾配工件，必须以尺寸链来计算各项尺寸，但有些尺寸不能直接测量得到，

必须借助一些辅助工具加以测量。

1. 单圆柱间接尺寸 M（见图 17-3（a））

燕尾角度尺寸（26±0.016）mm 的测量，一般采用圆柱棒间接测量 M 和 L。其测量尺寸 M 与图样技术要求尺寸 43mm 圆柱棒直径 d 及斜面的角度值 α 之间的关系为

$$A = \frac{d}{2}\cot\frac{\alpha}{2}$$

$$M = 43 + \frac{d}{2}\cot\frac{\alpha}{2} + \frac{d}{2} = 56.66 \text{（mm）}$$

2. 双圆柱间接尺寸 L（见图 17-3（b））

$$L = 26 + 2\left(\frac{d}{2}\cot\frac{\alpha}{2} + \frac{d}{2}\right) = 53.32 \text{（mm）}$$

3. 内燕尾间接尺寸 H（见图 17-3（c））

$$X = 17 - 15\tan 30° = 8.34 \text{（mm）}$$

$$H = X + \left(\frac{d}{2}\cot\frac{\alpha}{2} + \frac{d}{2}\right) - 间隙量(0.03 \sim 0.05) = 22 - (0.03 \sim 0.05)\text{mm}$$

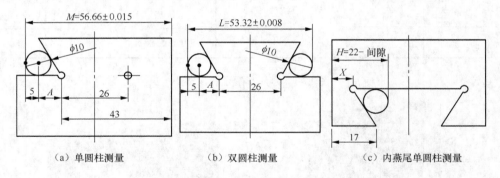

（a）单圆柱测量　　　　　　（b）双圆柱测量　　　　　　（c）内燕尾单圆柱测量

图 17-3　燕尾计算与测量

项目实施

操作一　检查来料尺寸。

操作二　粗、精锉凹、凸件的外形面，达到 $60_{-0.046}^{0}$ mm× $40_{-0.039}^{0}$ mm 和 $60_{-0.046}^{0}$ mm× $35_{-0.039}^{0}$ mm 的尺寸、形位等要求。

操作三　按图样划出凹、凸件的所有加工线。

操作四　钻孔。

（1）钻 $4×\phi3$mm 工艺孔。

（2）钻凹件余料孔。

操作五　加工凸件燕尾。

（1）锯去一角度面，粗锉至接近线，留精锉余量。

（2）精锉 $25_{-0.033}^{0}$ mm 尺寸面及 $60°$ 角度面，保证精度要求。通过控制圆柱间接尺寸 M 来保证燕尾对称度。

（3）锯去另一角度面，粗锉至接近线，留精锉余量。

（4）精锉 $25_{-0.033}^{0}$ mm 尺寸面及 60° 角度面，保证精度要求。通过控制圆柱间接尺寸 L 来保证燕尾对称度。

（5）精度复检，做必要的修整。

操作六 加工凹件燕尾。

（1）锯去凹件部分余料，粗锉至接近线，留精锉余量。

（2）精锉凹件深度尺寸 15mm，留修整余量 0.05mm。

（3）精锉两 60° 角度面，保证精度要求。通过控制圆柱间接尺寸 H 来保证间隙

操作七 修配。利用凸件对凹件进行试配，以保证间隙，对称及互换误差最小值。

操作八 钻、铰孔。用 $\phi7.8$mm 的麻花钻在装配后的配合件上钻孔，并用检验棒控制其三孔之间的中心距。再用 $\phi8$mm 的手机铰刀对其进行铰孔，以达到孔的形位公差要求。

操作九 去除毛刺，复检工件上所有的尺寸和各项形位误差。

操作十 敲学号，上油，交工件。

项目测评（见表 17–1）

表 17–1　　　　　　　　　　　　　燕尾形配合件评分标准

班级：_____　　姓名：_____　　学号：_____　　成绩：_____

序号	技术要求	配分	评分标准	自检记录	交检记录	得分
1	$60_{-0.046}^{0}$ mm（两处）	4×2	超差一处扣 5 分			
2	$40_{-0.039}^{0}$ mm	4	超差不得分			
3	$25_{-0.033}^{0}$ mm（两处）	4×2	超差不得分			
4	（26±0.016）mm	4	超差一处扣 5 分			
5	⟦= 0.10 A⟧	4	超差不得分			
6	60°（两处）	3×2	超差一处扣 1 分			
7	（40±0.125）mm	4	超差一处扣 1 分			
8	（10±0.075）mm（两处）	2×2	超差一处扣 1 分			
9	⟦⊥ 0.02 B⟧（八处）	0.5×8	超差一处扣 2 分			
10	$35_{-0.039}^{0}$ mm	4	超差不得分			
11	$Ra\leqslant3.2\mu$m（十六处）	0.5×16	超差一处扣 2 分			
12	配合间隙（五处）	1×5	超差一处扣 1 分			
13	互换间隙（五处）	1×5	超差一处扣 2 分			
14	侧边错位量（四处）	3×4	超差一处扣 4 分			
15	（44.7±0.195）mm	2×2	超差一处扣 2 分			
16	$\phi8$H7（三处）	0.5×3	超差一处扣 0.5 分			
17	（60±0.06）mm	3	超差不得分			
18	$Ra\leqslant1.6\mu$m（3 处）	0.5×3	超差一处扣 0.5 分			
19	安全文明生产	10	违者不得分			

知识链接

（1）内燕尾角度较难测量，可采用自制60°内角样板检测（见图 17-4），此外还可用来检测内表面直线度。

（2）圆柱间接尺寸是通过零位尺寸计算得到的，实际加工尺寸存在误差，因此，计算圆柱间接测量时都要考虑，避免造成配不进或局部间隙超差。

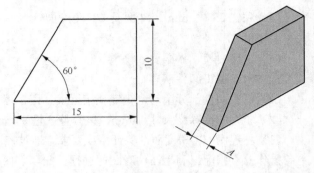

图 17-4　60°角度样板

项目十八　锉配四方件

项目任务

图 18-1 所示为四方体封闭配合件零件，其实物图如图 18-2 所示。在该零件的加工过程中，需灵活掌握凹件去除型腔废料、修配等方法，同时还应根据初配痕迹正确判断修配的位置以及修配量，并对完成后的零件进行误差分析及加工质量的总结。

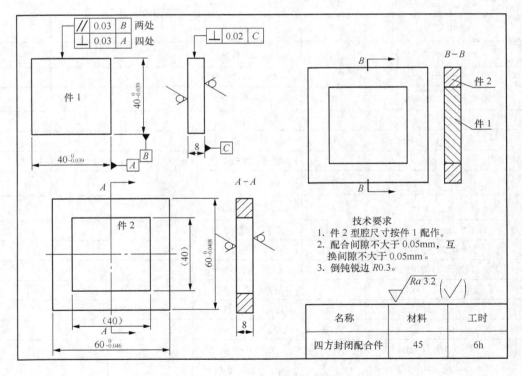

技术要求

1. 件 2 型腔尺寸按件 1 配作。
2. 配合间隙不大于 0.05mm，互换间隙不大于 0.05mm。
3. 倒钝锐边 R0.3。

名称	材料	工时
四方封闭配合件	45	6h

图 18-1　四方封闭配合件零件图

(a) 件 1

(b) 件 2

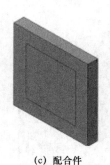
(c) 配合件

图 18-2 四方封闭配合件零件图

相关工艺知识

四方体锉配方法如下所述。

（1）锉配时，由于外表面比内表面容易加工和测量，易于达到较高精度，因此一般先加工凸件，后锉配凹件。本项目先锉好外四方体，再锉配内四方体。

（2）加工内表面时，为了便于控制，一般均应选择有关外表面作测量基准，因此，加工内四方体外形基准面时，必须达到较高的精度要求。

（3）无法直接测量凹形体内表面间的垂直度时，可采用自制内直角样板检测，如图 18-3 所示，该样板还可用来检测内表面直线度。

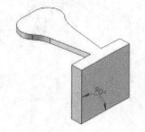
图 18-3 内直角样板图

（4）锉削内四方体时，为获得内棱倾角，锉刀一侧棱边必须修磨至略小于 90°。锉削时，修磨边紧靠内棱角进行直锉。

项目实施

四方封闭配合件的加工步骤如图 18-4 所示。

操作一 来料检查，修整基准面。

操作二 如图 18-4（a）所示，划出件 1 轮廓线。

操作三 如图 18-4（b）所示，锉削件 1，使尺寸 $40_{-0.039}^{0}$ mm 达到图样要求。

操作四 如图 18-4（c）所示，划出件 2 轮廓线。

操作五 如图 18-4（d）所示，锉削件 2，使尺寸 $60_{-0.046}^{0}$ mm 达到图样要求。

操作六 如图 18-4（e）所示，去除件 2 型腔废料，并粗加工件 2 型腔各表面。

操作七 如图 18-4（f）所示，以件 1 为基准，修配件 2 型腔各表面，保证配合精度。

操作八 对工件各表面倒钝锐边。

操作九 复检工件各尺寸和形位误差。

操作十 敲学号，上油，交工件。

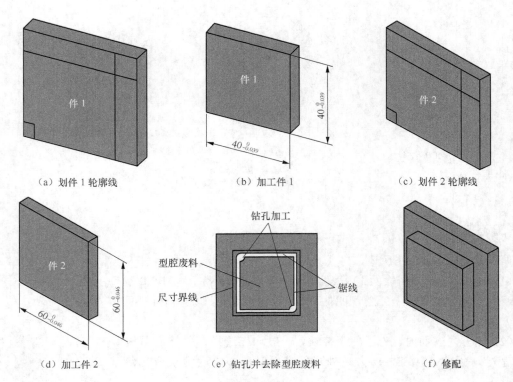

图 18-4　四方封闭配合件的加工步骤

项目测评

四方封闭配合件评分标准如表 18-1 所示。

表 18-1　　　　　　　　　　四方封闭配合件评分标准

班级：_____　姓名：_____　学号：_____　成绩：_____

序号	技术要求	配分	评分标准	自检记录	交检记录	得分
1	$40_{-0.039}^{0}$ mm（两处）	5×2	超差一处扣 5 分			
2	// 0.03 B （两处）	3×2	超差一处扣 4 分			
3	⊥ 0.03 A （四处）	4×4	超差一处扣 4 分			
4	⊥ 0.03 C （四处）	4×4	超差一处扣 4 分			
5	$Ra \leqslant 3.2\mu m$（四处）	3×4	超差一处扣 3 分			
6	$60_{-0.046}^{0}$ mm（两处）	5×2	超差一处扣 5 分			
7	配合间隙（两处）	2×4	超差一处扣 2 分			
8	互换间隙（十二处）	1×12	超差一处扣 1 分			
9	安全文明生产	10	违者不得分			

知识链接

加工四方封闭配合件时应注意以下几点。

（1）在去除件 2 型腔废料时，应注意防止件 2 外形的变形，如发现变形，应在加工型腔表面前先将变形进行修整。

（2）件 2 的型腔经过钻排孔后，可以使用修磨过的锯条对工件进行锯削，以去除型腔废料，如图 18-5 所示。

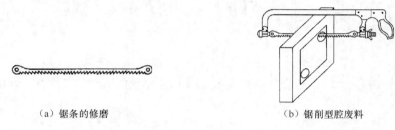

（a）锯条的修磨　　　　　　　　　　（b）锯削型腔废料

图 18-5　去除型腔废料

（3）在配合过程中应尽可能采用测量配，以减少配合时对工件产生的变形误差。

（4）试配过程中，不可用锤子或重物锤击工件进行装配，应尽可能使用大拇指的推力装配工件，或用锉刀柄敲工件进行装配。

（5）修配时应注意工件配合表面上产生的压痕，如图 18-6 所示。并以此准确判断修锉的部位。修锉只能在件 2 的型腔表面上进行，件 1 作为配合的基准件，不能对其进行任何修锉加工，以免影响件 1 的尺寸和各项形位精度。

（6）修配时应注意件 2 内直角对配合的影响，正确处理倾角加工，以避免产生间隙，如图 18-7 所示。

（7）修配件 2 时应控制型腔各表面与基准面之间的平行度误差，防止件 1 配入后影响配合间隙，如图 18-8 所示。

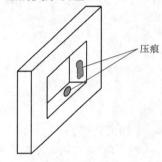

图 18-6　配合面上的压痕

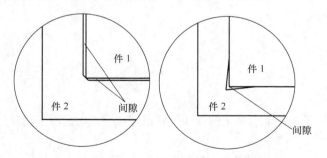

图 18-7　倾角加工对配合间隙的影响图

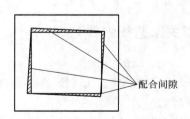

图 18-8　平行度误差对配合间隙的影响

模块四 **4 弯形与矫正**

项目任务

试将 100mm×30mm×1mm 的板料弯形成图 19-1 所示形状的工件。工件材料为 08F。

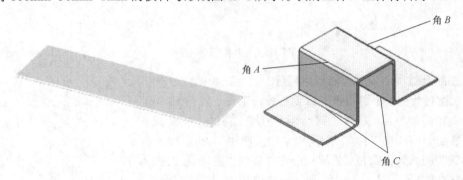

图 19-1　弯形

【知识目标】

（1）了解弯形的原理。

（2）掌握最小弯形半径的概念。

【技能目标】

（1）了解弯形方法及要点。

（2）掌握简单工件的弯形。

相关工艺知识

一、弯形的概念

将原来平直的板料、条料、棒料或管子弯形成所要求的曲线形状或弯成一定的角度，这种工作叫弯形。

弯形是使材料产生塑性变形，因此只有塑性好的材料才能进行弯形。图 19-2（a）所示为弯形前的钢板，图 19-2（b）所示为弯形后的钢板。钢板弯形后，外层材料伸长（图中 e—e 和 d—d）；内层材料缩短（图中 a—a 和 b—b）；中间有一层材料弯形后长度不变（图中 c—c），这层材料称为中性层。材料弯形部分虽然发生了拉伸和压缩，但其断面面积保持不变。

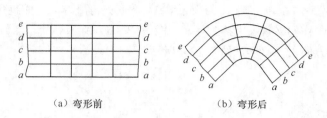

（a）弯形前　　　　　　　（b）弯形后

图 19-2　钢板弯形前后情况

二、最小弯形半径

经过弯形的工件，越靠近材料表面处金属变形越严重，也就越容易出现拉裂或压裂现象。

相同材料的弯形，工件外形材料变形的大小取决于工件的弯形半径，弯形半径越小，外层材料变形越大。为了防止弯形件出现拉裂或压裂现象，必须限制工件的弯形半径，使它大于导致材料开裂的临界弯形半径——最小弯形半径。

最小弯形半径的数值由实验确定，常用钢材的弯形半径如果大于 2 倍材料厚度，一般就不会被弯裂。如果工件的弯形半径比较小，应分两次或多次弯形，中间进行退火，避免弯裂。

三、弯形方法

工件的弯形有冷弯和热弯两种。在常温下进行的弯形称为冷弯，常由钳工完成。当工件较厚时（一般超过 5mm），要在加热情况下进行弯形，称为热弯。

弯形虽然是塑性变形，但是不可避免地存在着弹性变形。工件弯形后，由于弹性变形的存在使得弯形角度和弯形半径发生变化，这种现象称为回弹。为抵消材料的弹性变形，弯形过程中应多弯些。

冷弯既可以利用机床和模具进行大规模冲压弯形，也可以利用简单的机械进行手工弯形。这里主要介绍几种简单的手工弯形工作。

1. 板料的弯形

（1）板料在厚度方向上的弯形。如图 19-3 所示，弯直角工件时，若工件形状简单、尺寸不大，可以在台虎钳上弯制直角。弯形前，应先在弯曲部位划好线，线与钳口（或衬铁）对齐夹持，两边要与钳口垂直，用锤子敲打到直角即可。

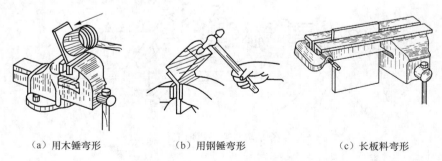

（a）用木锤弯形　　　　　（b）用钢锤弯形　　　　　（c）长板料弯形

图 19-3　板料在台虎钳上弯直角

被夹持的板料，如果弯曲线以上部分较长时，为了避免锤击时板料发生弹跳，可用左手压住板料上部，用木锤在靠近弯曲部位的全长上轻轻敲打，如图 19-3（a）所示。如果敲打板料上端，如图 19-3（b）所示，由于板料的回跳，不但会造成平面不平，而且角度也不易弯好。当弯曲线以上部分较短时,如图 19-3(c)所示,用硬木垫在弯曲处再敲打,弯成直角。如果台虎钳钳口比工件短,可用角铁制作的夹具来夹持工件,如图 19-3(d)所示。

(2)板料在宽度方向上的弯形,如图 19-4 所示。

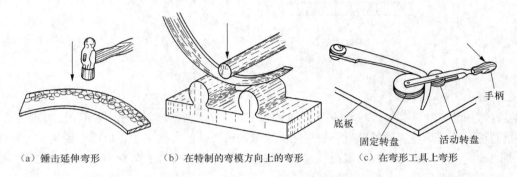

(a)锤击延伸弯形　　　　(b)在特制的弯模方向上的弯形　　　　(c)在弯形工具上弯形

图 19-4　板料在宽度方向上的弯形

2. 管子的弯形

管子直径在 12mm 以下时可以用冷弯法,直径大于 12mm 时则采用热弯法。管子的最小弯形半径必须是管子直径的 4 倍以上。管子直径在 10mm 以上时,为防止将管子弯瘪,必须在管内灌满干砂(灌砂时用木棒敲击管子,使砂子灌得密实),两端用木塞塞紧,如图 19-5(a)所示。对于有焊缝的管子的弯形,焊缝必须放在中性层的位置上,如图 19-5(b)

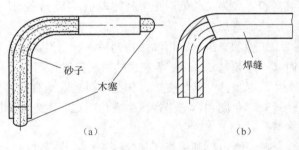

图 19-5　冷弯管子

所示,否则易使焊缝开裂。冷弯管子一般在弯管工具上进行,其结构如图 19-6 所示。

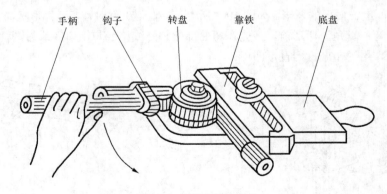

图 19-6　管子弯形工具

3. 手工绕制弹簧

(1)将钢丝一端插入心轴的槽或小孔中,预盘半圈使其固定。然后把钢丝夹在台虎钳软钳口上,夹紧力以钢丝能被拉动为恰当,如图 19-7 所示。

(2)摇动手柄使心轴按要求方向边绕边向前移,就可盘绕出圆柱形弹簧。

(3)当盘绕到总圈数后再加绕 2~3 圈,将弹簧从心轴上取下,截断后在砂轮上磨平两端。

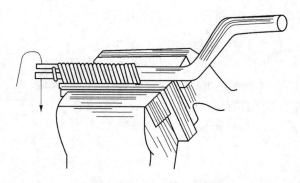

图 19-7 手工盘绕弹簧方法

项目实施

操作一 划线。先在板料长度上划出间距为 20mm 的 4 条线。

操作二 弯角 A。将板料按划线夹入角铁衬内弯 A 角，如图 19-8（a）所示。

操作三 弯角 B。再用衬垫①弯角 B，如图 19-8（b）所示。

操作四 弯角 C。最后用衬垫②弯角 C，如图 19-8（c）所示。

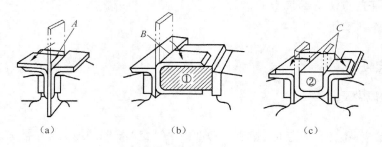

（a）　　　　　　　　　　（b）　　　　　　　　　　（c）

图 19-8 抱箍制作

项目测评

抱箍制作练习评分标准如表 19-1 所示。

表 19-1　　　　　　　　　　　　抱箍制作练习评分标准

班级：＿＿＿＿　姓名：＿＿＿＿　学号：＿＿＿＿　成绩：＿＿＿＿

序号	技术要求	配分	评分标准	交检记录	得分
1	姿势正确	10	目测		
2	划线	20	测量		
3	弯角 A	20	目测		
4	弯角 B	20	目测		
5	弯角 C	20	目测		
	安全文明生产	10	违者不得分		

习题与思考

1. 什么是弯形？什么样的材料才能进行弯形？弯形后内、外材料如何变化？

2. 什么叫中性层？弯形时中性层的位置与哪些因素有关？

3. 求图 19-9 所示弯形工件的毛坯长度。已知：a=100mm，b=120mm，c=200mm，r=5mm，t=5mm。

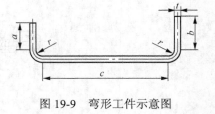

图 19-9　弯形工件示意图

项目二十　矫正

项目任务

试将 ϕ5mm×30mm 左右的弯曲圆钢矫直，直线度不大于 0.50mm，材料为 Q235 或 45^{钢}。

【知识目标】

了解矫正的概念及分类。

【技能目标】

（1）了解矫正的方法及要点。

（2）能进行简单矫正。

相关工艺知识

一、矫正的概念及分类

1. 矫正

消除材料或制件不应有的弯曲、翘曲、凸凹不平等变形缺陷的加工方法被称为矫正。变形主要是由材料在轧制或剪切等外力作用下，内部组织发生变化所产生的残余应力引起的。另外，原材料在运输和存放过程中如果处理不当，也会引起变形。

金属材料变形有两种：一种是弹性变形，另一种是塑性变形。矫正是针对塑性变形而言的，因此只有塑性好的金属材料才能被矫正。矫正的实质就是使工件产生新的塑性变形来消除原有的不直、不平或翘曲变形。

2. 矫正的分类

（1）按矫正时温度分类。按矫正时被矫正工件的温度可分为冷矫正和热矫正两种。

冷矫正就是在常温下进行的矫正。冷矫正时会产生冷作硬化现象，适用于矫正塑性较好的材料。

热矫正需加热到 700℃～1000℃进行，在材料变形大、塑性差或缺少足够动力设备的情况可使用热矫正。

（2）按矫正力分。按矫正时产生矫正力的方法可分为手工矫正、机械矫正、火焰矫正等。

手工矫正是在平板、铁砧或台虎钳上用锤子等工具进行操作的，是钳工的一项基本技能。

机械矫正是在专业矫正机或压力机上进行的。专业矫正机适用于成批大量生产的场合，压力机则主要用于缺乏专用矫正机以及变形较大的情况。

火焰矫正是在材料变形处用火焰局部加热的方法进行矫正。由于火焰矫正方便灵活，所以在生产中有广泛的应用，但加热的位置、火焰能率等相对较难掌握。

二、手工矫正的工具

1. 支撑工具

支撑工具是矫正板材和型材的基座，要求表面平整。常用的有平板、铁砧、台虎钳和 V 型块等。

2. 施力工具

常用的施力工具有软、硬锤子和压力机等。

（1）软、硬锤子。矫正一般材料时，通常使用钳工锤子和方头锤子；矫正已加工过的表面、薄钢件或有色金属制件时，应使用铜锤、木锤、橡皮锤等软锤子，如图 20-1（a）所示。

（2）抽条和拍板。抽条是采用条状薄板料弯成的简易工具，用于抽打较大面积板料，如图 20-1（b）所示。拍板是用质地较硬的檀木制成的专用工具，用于敲打板料，如图 20-1（c）所示。

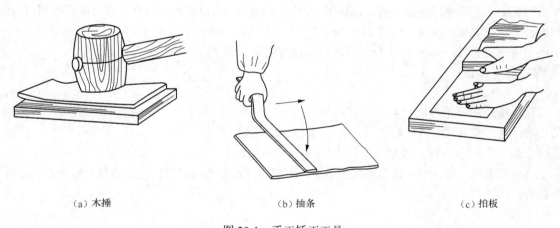

（a）木捶　　　　　　　　（b）抽条　　　　　　　　（c）拍板

图 20-1　手工矫正工具

（3）螺旋压力工具。适用于矫正较大的轴类零件或棒料，如图 20-2 所示。

3. 检验工具

检验工具包括平板、直角尺、钢直尺和百分表等。

三、手工矫正方法

1. 扭转法

扭转法用来矫正条状材料的扭曲变形。扁铁、角钢扭曲的矫正方法如图 20-3 所示。

2. 伸张法

伸张法是用来矫正各种细长线材的。

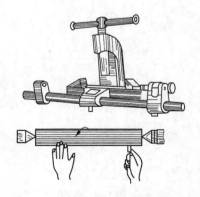

图 20-2　螺旋压力工具矫正轴类零件

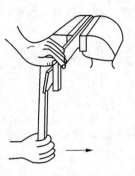
（a）用专用扳手矫正

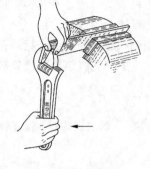
（b）用活动扳手矫正

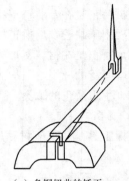
（c）角钢扭曲的矫正

图 20-3　扭转法

弯曲的细长线材，可将线材一端夹在台虎钳上，从钳口处的一端开始，把弯曲的线在圆木上绕一圈，握住圆木向后拉，使线材伸张而矫直，如图 20-4 所示。

3. 弯曲法

弯曲法用来矫正各种弯曲的棒料和在宽度方向上弯曲的条料。一般可用台虎钳在靠近弯曲处夹持，用活动扳手把弯曲部分扳直，如图 20-5（a）所示；或将弯曲部分夹持在台虎钳的钳口内，利用台虎钳把它初步压直，如图 20-5（b）所示，再放在平板上用锤子矫直，如图 20-5（c）所示。直径大的棒料和厚度尺寸大的条料，常采用压力机矫直。

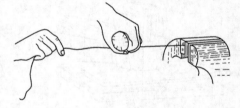

4. 延展法

延展法是用锤子敲击材料，使它延展伸长达到矫正的目的，所以通常又叫锤击矫正法。图 20-6 所示为延展宽度方向上弯曲的条料。如果采用弯曲法矫直，可能会

图 20-4　伸张法

发生裂痕或折断，故此时可用延展法来矫直，即锤击弯曲里边的材料，使里边材料延展伸长而得到矫直。

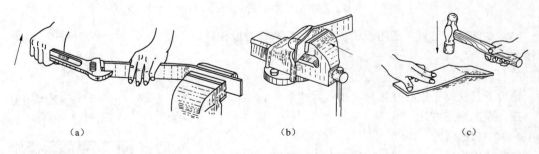
（a）　　　　　　　　　　（b）　　　　　　　　　　（c）

图 20-5　弯曲法

5. 薄板矫正

金属薄板最容易产生中部凸凹、边缘呈波浪形以及翘曲等变形。薄板矫正一般采用延展法矫正。

（1）薄板中间凸起。薄板中间凸起是由变形后中间材料变薄引起的。矫正时可锤击板料边缘，使之延展变薄，其厚度与凸起部分的厚度越趋近则板料越平整。图 20-7（a）中的箭头所示方向，即为锤击位置。锤击时，由里向外逐渐由轻到重、由稀到密。需要特别注意的是，对于薄板的这种变形，不能直接锤在凸起部位，否则会使凸起的部位变得更薄，这样不但达不到矫平的目的，反而会使凸起更为严重。如果薄板

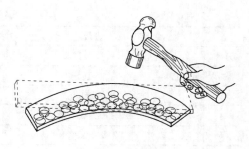

图 20-6　延展法

表面有相邻几处凸起，则应先在凸起的交界处轻轻锤击，使几处凸起合并为一处，然后再锤击四周而矫平。

（2）薄板四周呈波纹状。这种变形是由于板料四边变薄而伸长了。锤击点应从中间向四周，按图 20-7（b）中箭头所示方向，密度逐渐变稀，力量逐渐减小，经反复多次锤打，使板料达到平整。

（3）薄板发生对角翘曲。为矫正薄板的这种变形，应沿没有翘曲的对角线锤击使其延展而矫平，如图 20-7（c）所示。

（4）薄板有微小扭曲。可用抽条从左到右顺序抽打，如图 20-1（b）所示。因抽条与板料接触面积较大，受力均匀，容易达到平整。

（5）如果板料是铜箔、铝箔等薄而软的材料，可用拍板在平板上推压材料的表面，使其达到平整，也可用木锤或橡胶锤锤击，如图 20-1（c）所示。

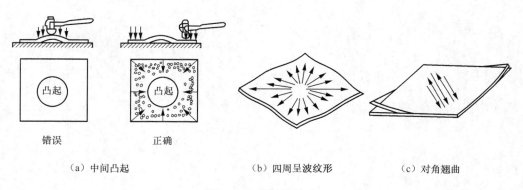

错误　　　　　　正确

（a）中间凸起　　　　　　（b）四周呈波纹形　　　　　　（c）对角翘曲

图 20-7　薄板的矫平

项目实施

操作一　在台虎钳的铁砧上将圆钢大致敲打平直。

操作二　用眼瞄的方法检查，将圆钢进一步矫直。

操作三　把圆钢放在平板上滚动检查直线度，并进行细微矫正，使其达到直线度误差要求。

项目测评

圆钢矫直练习评分标准如表 20-1 所示。

表 20-1　　　　　　　　　圆钢矫直练习评分标准

班级：_____　姓名：_____　学号：_____　成绩：_____

序号	技术要求	配分	评分标准	交检记录	得分
1	姿势正确	20	目测		
2	手锤选择适中	10	目测		
3	圆钢无明显扁平现象	20	目测		
4	直线度误差合格	40	目测		
5	安全文明生产	10	违者不得分		

习题与思考

1. 什么是矫正，矫正的实质是什么？
2. 矫正是如何进行分类的？
3. 常用的弯曲方法有哪些？

精加工

项目二十一 刮削

项目任务

　　本项目是刮削如图 21-1 所示平面。通过刮削训练提高刮削技巧，熟练掌握粗刮、细刮和精刮的操作要求。

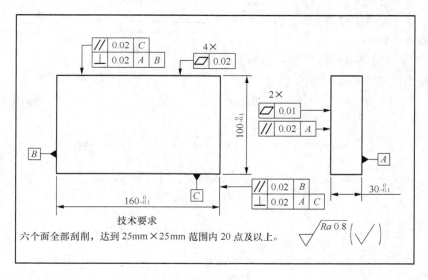

图 21-1　立方体

【知识目标】

（1）掌握刮削的基本概念。

（2）掌握刮削的作用。

（3）了解刮削的方法。

【技能目标】

（1）掌握刮削的基本技能。

（2）了解刮刀的刃磨方法。

（3）初步掌握刮削的应用。

（4）掌握刮削质量的检验方法。

相关工艺知识

一、基础知识

刮削是用刮刀在半精加过的工件表面上刮去微量金属，以提高表面形状精度、改善配合表面之间接触精度的钳工作业。刮削是机械制造和修理中一般机械加工难以达到的各种型面（如机床导轨面、连接面、轴瓦、配合球面等）的一种重要加工方法。它具有切削量小、切削力小、加工方便和装夹变形小的特点。通过刮削后的工件表面，不仅能获得很高的形位精度、尺寸精度、接触精度和传动精度，还能形成比较均匀的微浅凹坑，创造了良好的存油条件。加工过程中，刮刀对工件表面多次反复地推挤和压光，使得工件表面组织紧密，从而得到较低的表面粗糙度值。

手刮法由钳工手持刮刀对工件平面或曲面进行操作加工，本书只介绍平面刮削方法。

二、刮削工具

1. 刮刀

刮刀是刮削工具中的主要刀具，要求刀头部分具有足够的硬度，切削刃口必须锋利。刮刀一般采用碳素工具钢 T10A、T12A 锻制而成，并经热处理淬火和回火，使刀头硬度达到 60HRC 左右。当刮削硬度较高的工件表面时，刀头可焊上高速钢或硬质合金钢。

（a）直头刮刀　　　　　　（b）弯头刮刀

图 21-2　平面刮刀

刮刀按不同刮削表面分为平面刮刀和曲面刮刀。平面刮刀的形状和角度如图 21-2 所示，刮刀头部的形状和角度如图 21-3 所示。曲面刮刀有三角刮刀、蛇头刮刀两种，如图 21-4 所示。

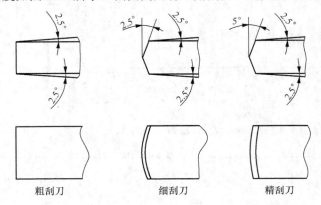

粗刮刀　　　　　　细刮刀　　　　　　精刮刀

图 21-3　平面刮刀的形状和角度

（a）三角刮刀　　　　　　　　　　（b）蛇头刮刀

图 21-4　曲面刮刀

2. 校准工具

校准工具是用来显示刮削时的接触点和检验刮削面准确性的工具，主要有标准平板、平尺和角度平尺，如图 21-5 所示。

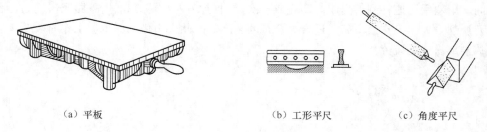

（a）平板　　　　　　　　　　（b）工形平尺　　　　　　（c）角度平尺

图 21-5　校准工具

3. 显示剂

显点用于在刮削工艺中判断误差和落刀部位。显点时，必须用标准工具或与其相配合的工件合在一起对研，在其中间涂上一层有颜色的涂料，经过对研，接触表面凸起处就显示出颜色形成显点，根据显点用刮刀刮去，所用的这种涂料叫做显示剂。显示剂有红丹粉和蓝油两种。

项目实施

操作一　刃磨刮刀

刮刀在砂轮上粗刃磨后，在油石上进行精磨。这里主要介绍精磨刮刀的方法。

刃磨操作时先在油石上加适量机油，先磨两平面，如图 21-6（a）所示，按图中所示的箭头方向往复移动刮刀，直到平面磨平整为止。然后精磨端面，如图 21-6（b）所示，刃磨时左手扶住靠近手柄的刀身右手紧握刀身，使刮刀直立在油石上，略带前倾（前倾角度根据刮刀 β 角的不同而定）地向前推移，拉回时刀身略微提起，以免损伤刃口，如此反复，直到切削部分的形状和角度符合要求、且刃口锋利为止。当一半面磨好后再磨另一半面。初学者还可将刮刀上部靠在肩上，两手握刀身，向后拉动来磨锐刃口，而向前则将刮刀提起，如图 21-6（c）所示。注意刃磨时刮刀要在油石上均匀移动，防止油石因磨损产生凹陷而影响刀头几何形状。

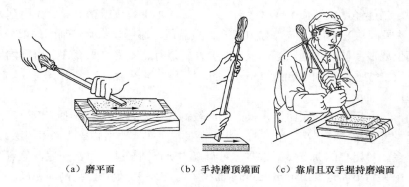

（a）磨平面　　　　　（b）手持磨顶端面　　（c）靠肩且双手握持磨端面

图 21-6　刮刀在油石上精磨

操作二　进行平面刮削

平面刮削的操作方法有挺刮法和手刮法两种。

（1）挺刮法操作方法如图 21-7（a）所示，将刮刀柄顶在小腹右下侧，双手握住刀身，距刀刃约 80mm（左手正握在前，右手反握在后）。刮削时，刀刃对准研点，左手下压，落刀要轻，利用腿部、臀部和腰部的力量使刮刀向前推挤，并利用双手引导刮刀前进。在推挤进行到所需距离后的瞬间，用双手迅速将刮刀提起，即完成一次挺刮动作。由于挺刮法用下腹肌肉施力，容易掌握，每刀切削量大，工作效率高，适合大余量的刮削，因此应用最广泛。但工作时需要弯曲身体操作，故腰部易产生疲劳。

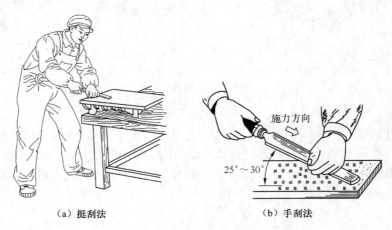

（a）挺刮法　　　　　　　　　　　　（b）手刮法

图 21-7　平面刮削方法

（2）手刮法操作方法如图 21-7（b）所示，右手握刀柄，左手握刀杆（距刀刃约 50mm 处），刮刀与被刮削表面成 25°～30°角。同时，左脚前跨一步，上身随着向前倾斜，这样便于用力，而且容易看清刮刀前面的研点情况。右臂利用上身摆动使刮刀向前推，推的同时，左手向下压，并引导刮刀的运动方向，当推进到所需距离后，左手迅速抬起，刮刀即完成一次手刮动作。手刮动作灵活、适应性强，但每刀切削量较小，而且手易疲劳，因此不适于加工余量较大的场合。

操作三　认识刮削的一般过程

刮削过程一般可分为粗刮、精刮、细刮和刮花四个步骤。其中，刮花通常是为了美观而刮削表面。

（1）粗刮。工件经过机械加工或时效后，有显著的加工痕迹或锈斑。首先用刮刀采用连续推铲的方法（又称长刮法）。除去加工痕迹和锈斑，然后通过涂色显示确定刮削的部分和刮削量。对刮削较大的部位要多刮些或重刮数遍，但刀纹要交错进行，不允许重复在一点刮削，以免局部刮出沉凹。这样反复数遍，直到 25mm×25mm 面积上有 3～4 个点，粗刮就算完成。粗刮时每刀刮削量要大，刀迹宽而长。

（2）细刮。粗刮后的工件表面上，显点已比较均匀地分布于整个平面，但数量很少。细刮可使加工表面质量得到进一步提高。细刮时，应刮削黑亮的显点，俗称破点（短刮法），使显点更趋均匀，数量更多。对黑亮的高点要刮重些，对暗淡的研点刮轻些。每刮一遍，显点一次，显点逐渐由稀到密，由大到小，直到 25mm×25mm 面积上有 12～15 个点，细刮即完成。为了得到较好的表面粗糙度，每刮一遍要变换一下刮削方向，使其形成交叉的网纹，以避免形成同一方向的顿纹。每刀刮削量要小，刀花宽度及长度也较小。

（3）精刮。精刮在细刮的基础上进一步增加刮削表面的显点数量，使工件达到预期的精度要求。要求点子分布均匀，在 25mm×25mm 面积上有 20～25 个点。刮削部位和刮削方法要根据显点情况进行，黑亮的点子全部刮去（又称点刮法）；中等点子在顶部刮去一小片；小点留着不刮。因此，接触点分为几个小点，中等点分为两个小点，小点会变大，原来没有点的地方也会出现点，因此，接触点将迅速增加。刮削到最后三遍时，交叉刀迹大小应一致，排列整齐，以使刮削面美观。

（4）刮花。刮花是在刮削表面或机器外露的表面上用刮刀刮出装饰性花纹，以增加刮削面的美观度，保证良好的润滑性，同时可根据花纹的消失情况来判断平面的磨损程度。常见的有斜花、鱼鳞花、半月花等。

操作四　检查刮削的精度

（1）接触精度的检验。用边长为 25mm 的正方形方框内研点数目的多少来检查刮削表面的接触精度，如图 21-8（a）所示。

（2）平面度和垂直度的检查（形状精度）。用方框水平仪检验。小型零件可用百分表检查平行度和平面度，如图 21-8（b）所示。

（3）配合面之间的间隙（尺寸精度）。用标准圆柱利用透光法检查垂直度，如图 21-8（c）所示。

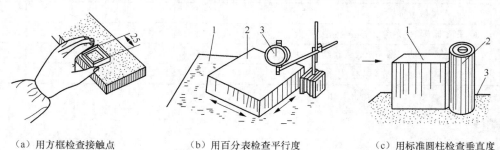

（a）用方框检查接触点　　　　（b）用百分表检查平行度　　　　（c）用标准圆柱检查垂直度

图 21-8　刮削精度检查方法

1—标准平板；2—工件；3—百分表　　1—工件；2—圆柱角尺；3—标准平板

操作五　判定刮削的表面缺陷

（1）深凹坑。

特征：刮削面研点局部稀少或刀迹与显示研点高低相差太多。

产生的原因之一：粗刮时用力不均，局部落刀太重或多次刀迹重叠。

产生的原因之二：刮刀切削部分圆弧过小。

（2）撕痕。

特征：刮削面上有粗糙的条状刮痕，较正常刀迹深。

产生的原因之一：刀刃有缺口和裂纹。

产生的原因之二：刀刃不光滑、不锋利。

（3）振痕。

特征：刮削表面上出现有规则的波纹。

产生的原因：多次同向刮削，刀迹没有交叉。

（4）划痕。

特征：刮削面上划出深浅不一和较长的直线。

产生的原因：研点时夹有砂粒、铁屑等杂质，或显示剂不清洁。

（5）刮削面精度不准确。

特征：显点情况无规律。

产生的原因之一：推磨研点时压力不均，研具伸出工件太多，容易出现假点。

产生的原因之二：研具本身不准确。

项目测评

刮削平面练习评分标准如表 21-1 所示。

表 21-1 刮削平面练习评分标准

班级：＿＿＿＿ 姓名：＿＿＿＿ 学号：＿＿＿＿ 成绩：＿＿＿＿

序号	技术要求	配分	评分标准	交检记录	得分
1	姿势（站立、双手）正确	20	目测		
2	刀迹整齐、美观	10	目测		
3	接触点每 25mm×25mm，18 点以上	24	目测		
4	点子清晰、均匀，每 25mm×25mm 点数允许差 6 点	18	目测		
5	无明显落刀痕、无丝纹和振痕	18			
6	安全文明生产	10	违者不得分		

知识链接

刮削平面时选用长条形的刮刀，可直接把刀头热处理后用于精刮，也可焊上合金刀片用于粗刮。刮削回转面时一般用三角刮刀。

刮削的同时既要注意形位公差的测量，同时也要注意研点要求。在接近公差要求时，注意提高刮削研点数，在达到精度要求的同时点数也要达到检验要求。

习题与思考

1. 简述刮削的基本概念。
2. 刮削加工后的工件表面具有哪些优点？
3. 刮削时采用的显示剂主要有哪些，分别适用于什么材料？

项目二十二　研磨

项目任务

用研磨工具（研具）和研磨剂从工件表面磨掉一层极薄的金属，使工件表面获得精确的尺寸、形状和极小的表面粗糙度值的加工方法，称为研磨。本项目是研磨如图 22-1 所示的刀口形直角尺。通过研磨训练，掌握平面研磨的方法，并能研磨达到一定精度和表面粗糙度的工件。

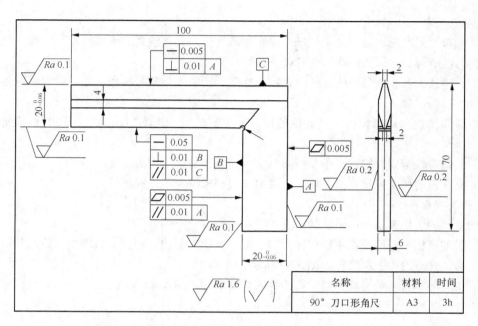

图 22-1　研磨刀口形直角尺

【知识目标】

（1）掌握研磨的概念。

（2）了解研磨的工具、研磨剂和研磨磨料的选择。

【技能目标】

（1）掌握研磨的基本技能。

（2）初步掌握研磨的应用。

（3）能够研磨 100mm×100mm 的平面，达到表面粗糙度（Ra）1.6μm、平面度 0.02mm。

相关工艺知识

一、研磨的作用

通过研磨能得到极高质量的零件。零件经研磨后的尺寸误差一般可控制在 0.001～0.005mm 范围内；形状误差可控制在 0.005mm 范围内；表面粗糙度 Ra 一般可控制在 0.8～0.05μm，最细可达到 Ra0.006μm。另外，零件经研磨后，由于有准确的几何形状和很细的表面粗糙度，零件的耐磨性、耐蚀性和疲劳强度也相应得到提高，从而延长了零件的使用寿命。

二、研磨余量

研磨是一种切削量极小的精密加工方法，所以留的研磨余量都极小，通常在 0.005～0.030mm 以内。研磨余量可从三个方面来考虑：被研工件的几何形状和尺寸精度要求、上道加工工序的加工质量及实际情况。

三、研具

研具是研磨加工中保证被研磨工件几何精度的重要因素，因此对研具的材料、精度和表面粗糙度都有较高的要求。

1. 研具材料

研具材料的硬度应比被研磨工件低，组织细致均匀，具有较高的研磨性和稳定性，有较好的嵌存磨料的性能等。常用的研磨材料有以下几种。

（1）灰铸铁。灰铸铁具有硬度适中、嵌入性好、研磨效果好等特点，是一种应用广泛的研磨材料。

（2）球墨铸铁。球墨铸铁比灰铸铁的嵌入性更好，且更加均匀、牢固，常用于精度工件的研磨。

（3）软钢。软钢韧性较好，不易折断，常用来制作小型工件的研具。

（4）铜。铜的性质较软，嵌入性好，常用作研磨软钢类工件的研具。

2. 研具类型

不同形状的工件需要不同形状的研具，常用的有以下三种。

（1）研磨平板。研磨平板主要用来研磨平面，如研磨量块、精密量具的平面等。其中，有槽的用于粗磨，光滑的用于精磨，如图 22-2 所示。

（2）研磨环。研磨环用来研磨轴类工件的外圆表面，如图 22-3 所示。

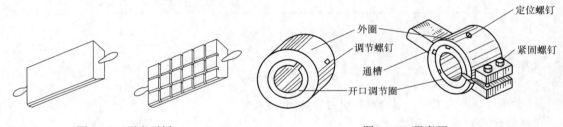

图 22-2 研磨平板   图 22-3 研磨环

（3）研磨棒。研磨棒主要用来研磨套类工件的内孔。如图 22-4 所示。

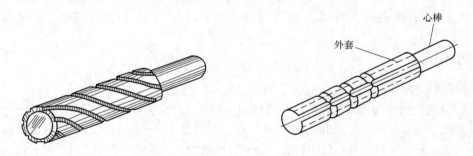

图 22-4 研磨棒

四、研磨剂

研磨剂是由磨料和研磨液调和而成的混合剂。

1. 磨料

磨料在研磨中起切削作用，研磨效率、研磨精度都和磨料有密切关系。常用磨料的系列及用途如表 22-1 所示。

磨料的粗细用粒度表示，按颗粒尺寸分为 41 个粒度号，有两种表示方法。其中按筛选法磨粉类有 4 号，5 号，……，240 号共 27 个，粒度号越大，磨粒越细；按实际尺寸微粉类有 W63，

W50，……，W0.5 共 14 个，号数越大，磨粒越粗。在选用时应根据精度高低进行选取。

表 22-1 常用磨料的系列及用途

系列	磨料名称	代号	特性	适用范围
氧化铝系	棕刚玉	A	棕褐色，硬度高，韧性大，价格便宜	粗、精研磨钢、铸铁和黄铜
	白刚玉	WA	白色，硬度比棕刚玉高，韧性比棕刚玉差	精研磨淬火钢、高速钢、高碳钢及薄壁零件
	铬刚玉	PA	玫瑰红或紫红色，韧性比白刚玉高，磨削粗糙度值低	研磨量具、仪表零件等
	单晶刚玉	SA	淡黄色或白色，硬度和韧性比白刚玉高	研磨不锈钢、高钒高速钢等强度高、韧性大的材料
碳化物系	黑碳化硅	C	黑色有光泽，硬度比白刚玉高，脆而锋利，具有良好的导热性和导电性	研磨铸铁、黄铜、铝、耐火材料及非金属材料
	绿碳化硅	GC	绿色，硬度和脆性比黑碳化硅高，具有良好的导热性和导电性	研磨硬质合金、宝石、陶瓷、玻璃等材料
	碳化硼	BC	灰黑色，硬度仅次于金刚石，耐磨性好	精研磨和抛光硬质合金、人造宝石等硬质材料
金钢石系	人造金刚石	SD	无色透明或淡黄色、黄绿色、黑色、硬度高，比天然金刚石略脆，表面粗糙	粗、精研磨硬质合金、人造宝石、半导体等高硬度脆性材料
	天然金刚石		硬度最高，价格昂贵	
其他	氧化铁		红色至暗红色，比氧化铬软	精研磨或抛光钢、玻璃等材料
	氧化铬		深绿色	

2. 研磨液

研磨液在研磨加工中起调和磨料、冷却和润滑的作用。研磨液的质量高低和选用是否正确，直接关系着研磨加工的效果，一般要求具备以下条件：良好的黏度和稀释能力；良好的润滑和冷却作用；不影响人体健康且对工件无腐蚀性。常用的研磨液有煤油、汽油、10 号和 20 号机械油、淀子油及熟猪油等。

项目实施

操作一 研磨方法

研磨分手工研磨和机械研磨两种。手工研磨应注意选择合理的运动轨迹，这对提高研磨效率、工件的表面质量和研具的寿命有直接影响。其常用的运动轨迹有：直线形、直线摆动形、螺旋形、8 字形和仿 8 字形等，如图 22-5 所示。

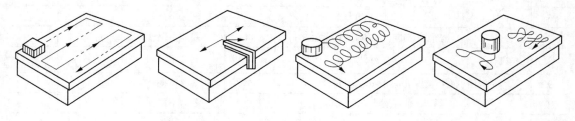

图 22-5 研磨运动轨迹

操作二　操作前

工作开始前，应先做好研磨平板工作表面的清洁工作。

操作三　粗研磨

粗研磨时用浸湿汽油的棉花蘸上 W20～W10 的研磨粉，均匀涂在平板的研磨面上，握持刀口形直角尺，采用沿其纵向移动与以刀口面为轴线而向左右做 30°角摆动相结合的运动形成；研磨内直角时要用护套进行保护，以免碰伤，如图 22-6 所示。

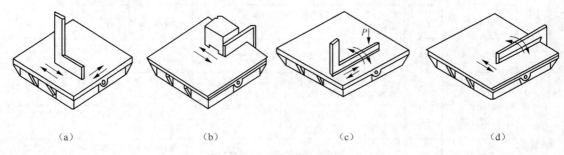

（a）　　　　　　　　（b）　　　　　　　　（c）　　　　　　　　（d）

图 22-6　研磨步骤

操作四　精研磨

精研磨时的运动形式与粗研磨大致相同。采用压砂平板，先用 W5 或 W7 的研磨粉，利用工件自重进行精研磨，使其表面粗糙度值达到 $Ra0.1\mu m$。

操作五　检验

采用透光法进行检验质量。观察光隙的颜色，判断其直线度误差。

项目测评

研磨刀口形直角尺评分标准如表 22-2 所示。

表 22-2　　　　　　　　　　　　研磨刀口形直尺评分标准

班级：_____　姓名：_____　学号：_____　成绩：_____

序号	技术要求		配分	评分标准	交检记录	得分
1	尺座	▱ 0.005（两处）	12	超差不得分		
2		// 0.01	7	超差不得分		
3		表面粗糙度 $Ra\leqslant0.1\mu m$（两处）	14	超差不得分		
4	尺苗	— 0.005（两处）	12	超差不得分		
5		⊥ 0.01（两处）	14	超差不得分		
6		// 0.01	7	超差不得分		
7		表面粗糙度 $Ra\leqslant0.1\mu m$（两处）	14	超差不得分		
8	尺身	尺寸 $20^{\ 0}_{-0.06}$ mm	10	超差不得分		
9		侧面表面粗糙度 $Ra\leqslant0.1\mu m$（两处）	5	超差不得分		
10		工、量、辅具摆放合理	5	超差不得分		
11		安全生产		违反一次扣 5 分		

知识链接

研磨是以物理和化学的综合作用除去零件表面金属的一种加工方法。在研磨过程中，研磨剂可使工件表面迅速形成一层极薄的氧化膜（化学作用），之后又不断地被磨掉（物理作用）。经过这样的多次反复，工件表面很快就能达到预定的加工要求。

习题与思考

1. 什么是研磨？研磨的目的是什么？
2. 对研具材料有何要求？常用的研具材料有哪些？
3. 研磨剂中磨料有哪几种？应用上有何不同？
4. 研磨剂中研磨液的作用是什么？常用的有哪些？
5. 影响研磨质量的因素有哪些？
6. 一般平面研磨的操作要领是什么？

项目二十三　铆接

项目任务

试铆接图 23-1 所示的工件。

【知识目标】

了解铆接的种类和铆接件的接合形式。

【技能目标】

（1）掌握铆接工具的使用方法。

（2）掌握正确的铆接方法。

相关工艺知识

一、概述

利用铆钉把两个或两个以上的零件或构件连接为

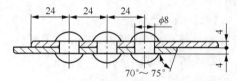
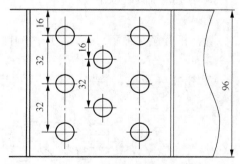

图 23-1　待铆接工件

一个整体，这种连接方法称为铆接。铆接时，用工具连续锤击或用压力机压缩铆钉杆端，使铆钉杆充满钉孔并形成铆钉头，如　图 23-2 所示。

二、铆接种类

根据使用要求不同，铆接可分为活动铆接和固定铆接两种。

1. 活动铆接

其结合部位可以相互转动。塞尺、钢丝钳、划规等工具就都不是刚性连接，如图 23-3 所示。

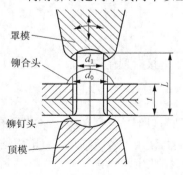

图 23-2　铆接

图 23-3　活动铆接

2. 固定铆接

结合件不能相互活动的铆接称为固定铆接，这是刚性连接。如角尺、三环锁上的铭牌和桥梁建筑等。

三、铆钉的种类

铆钉是铆接结构的紧固件，铆钉的分类一般可以按照形状和材料来分。

1. 按形状分类

根据形状不同要分为平头、半圆头、沉头、半圆沉头、管状空心铆钉和皮带铆钉等。

2. 按材料分类

根据材料不同可分为钢制、铜制和铝制等。

在铆接过程中，由于铆钉需要承受较大的塑性变形，因此要求铆钉材料应具有韧性和高度的延展性。

铆钉的标记，一般要标出直径、长度和国家标准序号，如铆钉 5×20 GB 867－86，表示铆钉的直径为 ϕ5mm，长度为 20mm，国家标准序号为 GB 867－86。

四、铆接工具

铆接主要工具有以下几种。

1. 锤子

常用的为圆头锤子，其大小应按铆钉直径的大小来选定。

2. 压紧冲头

如图 23-4 所示，当铆钉插入孔内后，用压紧冲头消除被铆合的板料之间的间隙，使之压紧。

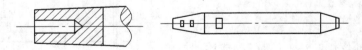

图 23-4　压紧冲头

3. 罩模与顶模

如图 23-5 所示，罩模用于铆接时镦出完整的铆合头；顶模用于铆接时顶住铆钉原头，这样既有利于铆接又不损伤铆钉原头。

4. 拉铆枪

抽心铆钉的铆接要用到拉铆枪，如图 23-6 所示。这种铆接方法可以解决金属薄板、薄管连接时焊接螺母易熔，攻内螺母易滑丝等缺点，具有铆接牢固、效率高、使用方便等特点。目前广泛地使用在汽车、航空、铁路、制冷、仪器、家具、装饰等机电和轻工业生产中。

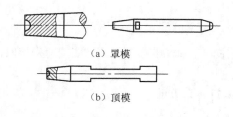

（a）罩模

（b）顶模

图 23-5　铆接工具

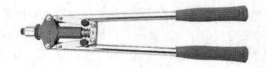

图 23-6　手动拉铆枪

五、铆钉直径、长度及铆钉孔直径的确定

1. 铆钉直径的确定

铆钉直径是根据结构强度要求，由板厚确定的。当被连接板的厚度相同时，铆钉直径等于板厚的 1.8 倍；当被连接板厚度不同、搭接连接时，铆钉直径等于最小板厚的 1.8 倍。铆钉直径可以在计算后按表 23-1 所示圆整。

表 23-1　　　　　　　　铆钉直径及通孔直径（GB/T 152.1—1988）

公称直径/mm		2.0	2.5	3.0	4.0	5.0	6.0	8.0	10.0
通孔直径/mm	精装配	2.1	2.6	3.1	4.1	5.2	6.2	8.2	10.3
	粗装配	2.2	2.7	3.4	4.5	5.6	6.6	8.6	11

2. 铆钉长度的确定

铆接时铆钉杆所需长度，除了被铆接件总厚度外，还需保留足够的伸出长度，以用来铆制完整的铆合头，从而获得足够的铆合强度。铆钉杆长度可用下式计算。

（1）半圆头铆钉杆长度

$$L=\sum\delta+(1.25\sim1.5)d$$

（2）沉头铆钉杆长度

$$L=\sum\delta+(0.8\sim1.2)d$$

式中：$\sum\delta$——被铆接件总厚度，mm；

d——铆钉直径，mm。

3. 钉孔直径的确定

铆接时钉孔直径的大小，应随着连接要求不同而有所变化。孔径过小，会使铆钉插入困难；孔径过大，则铆合后的工件容易松动，合适的钉孔直径应按表 23-1 所示数值选取。

例 23-1　用沉头铆钉搭接连接 2mm 和 5mm 的两块钢板，试选择铆钉直径、长度及钉孔直径。

解：　　　　　　　　　　$d=1.8t=1.8\times2=3.6$（mm）

按表 23-1 所示数值圆整后，取 $d=4$（mm），则

$$
\begin{aligned}
L&=\sum\delta+(0.8\sim1.2)d\\
&=2+5+(0.8\sim1.2)\times4\\
&=10.2\sim11.8\text{（mm）}
\end{aligned}
$$

铆钉直径，精装配时取 4.1mm；粗装配时取 4.5mm。

六、铆接方法

1. 半圆头铆钉的铆接

（1）铆钉插入孔后，将顶模置于垂直而稳固的状态，使铆钉半圆头与顶模凹圆紧密接触，用压紧冲头将被铆接件压紧贴实，如图 23-7（a）所示。

（2）用锤子锤打铆钉伸出部分使其镦粗，如图 23-7（b）所示。

（3）用锤子适当斜着均匀锤打周边，如图 23-7（c）所示。

（4）用尺寸适宜的罩模铆打成形，不时地转动罩模，垂直锤打，如图 23-7（d）所示。

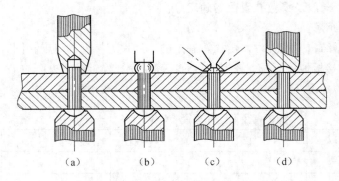

（a）　　　　（b）　　　　（c）　　　　（d）

图 23-7　半圆头铆钉的铆接步骤

2. 抽芯铆钉的铆接

（1）装入铆钉，用拉铆枪拉紧芯杆，使其底端圆柱挤入钉套，如图 23-8（a）所示。

（2）继续拉紧拉铆枪，使钉套与钉孔形成轻度过盈配合，如图 23-8（b）所示。

（3）最后拉断芯杆完成铆接，如图 23-8（c）所示。

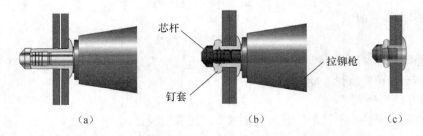

（a）　　　　　　　　（b）　　　　　　　　（c）

图 23-8　普通抽芯铆钉的铆接过程

项目实施

操作一　分析工件图，计算铆钉孔直径和铆钉杆长度。

操作二　根据工件图进行划线。

操作三　在钻床上钻铆钉孔。

操作四　按要求装配工件并修整铆钉孔。

操作五　确定适当的铆接顺序。

操作六　铆接操作。

项目测评（见表 23-2）

表 23-2　　　　　　　　　　　　铆接评分标准

班级：_____　姓名：_____　学号：_____　成绩：_____

序号	技术要求	配分	评分标准	自检记录	交检记录	得分
1	24mm（三处）	5×3	超差一处扣 5 分			
2	32mm（三处）	5×3	超差一处扣 5 分			
3	16mm（两处）	5×2	超差一处扣 5 分			
4	铆接表面质量	20	超差不得分			
5	铆接松紧程度	20	松动不得分			
6	铆接顺序	10	超差不得分			
7	时间定额 40min		每超额 5min 扣 5 分			
8	安全文明生产	10	每次违规扣 5 分			

习题与思考

1. 什么是铆接？按使用要求不同，铆接分哪几种？按铆接方法不同又分为哪几种？

2. 如图 23-9 所示，试述半圆头铆钉的铆接过程。

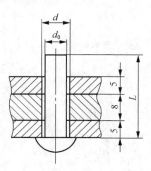

图 23-9　半圆头铆接

模块六 钳工常用设备的使用

项目二十四　台式钻床的调整与使用

项目任务

【知识目标】

（1）了解台钻结构。

（2）熟悉台钻加工范围。

【技能目标】

（1）掌握台钻的调整与使用。

（2）掌握台钻的安全操作规程。

相关工艺知识

1. 台式钻床

钻床是一种常用的孔加工机床。在钻床上可装夹如钻头、扩孔钻、锪钻、铰刀及丝锥等刀具可用来进行钻孔、扩孔、锪孔、铰孔和攻螺纹等工作，如图 24-1 所示。

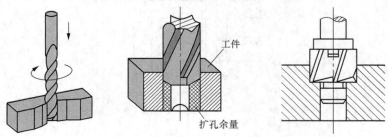

图 24-1　钻床的应用

钻床的使用方法是否正确，是否符合安全操作规程，都直接关系到每一位操作者的人身安全，因此，使用钻床要严格按照操作规程进行操作，以防出现安全事故。

钻床根据其结构和适用范围的不同，可分为台式钻床（简称台钻）、立式钻床（简称立钻）和摇臂钻床三种，如图 24-2 所示。本书重点介绍钳工常用的台式钻床。

2. Z4012 型台钻的结构

台钻结构简单，操作方便，适用于在小型工件上钻、扩直径为 12mm 以下的孔。图 24-3 所示为 Z4012 型台钻结构图。

Z4012 型台钻技术规格

最大钻孔直径/mm	$\phi12$
主轴下端锥度	莫氏 2 号短型
主轴最大行程/mm	100
主轴中心线到立柱表面距离/mm	193
主轴端面至底座面距离/mm	20～240
主轴转速/（r/min）	480～4100，分 5 级
外形尺寸（长×宽×高）/mm	690×350×695

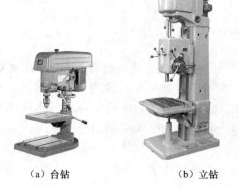

（a）台钻　　　　　　（b）立钻　　　　　　（c）摇臂钻床

图 24-2　钻床的种类

（1）机头。机头安装在立柱上，用手柄进行锁紧。主轴装在机头孔内，主轴下端的螺母供更换或卸下钻头时使用。

（2）立柱。其截面为圆形，它的顶部是机头升降机构。当机头靠旋转摇臂摇把升到所需高度后，应将手柄旋紧，将机头锁住。

（3）电动机。松开螺钉，可推动电动机托板带动电动机前后移动，借以调节 V 带的松紧。

（4）底座。中间有一条 T 形槽，用来装夹工件或夹具。四角有安装用的螺栓孔。

（5）电气部分。操作转换开关（又称倒顺开关），可使主轴正、反转或停机。

项目实施

在需要钻孔时，首先要根据所钻孔的大小和工件材料的软硬选择合理的转速；孔大或材料硬用低转速；孔小或材料软可用高转速。其次，根据工件的大小和钻头的长短调整钻床的床身高度，使工件既能放入钻头下，又能使孔一次钻到要求的深度。

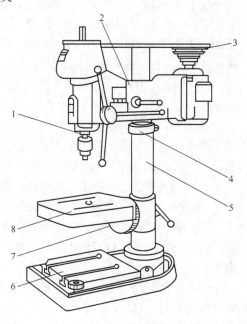

图 24-3　台钻结构图

1—主轴；2—机头；3—塔形带轮；4—保险环；
5—立柱；6—底座；7—转盘；8—工作台

操作一　调整转速

台钻转速的调整是通过改变 V 带在两个五级带轮上的相对位置实现的，如图 24-4 所示。

（1）变速时必须先停车。松开防护罩固定螺母，取下防护罩，便可看到五级带轮和 V 带。

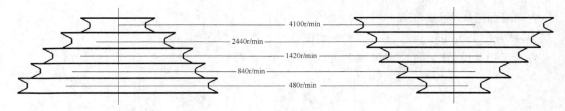

图 24-4　台钻转速

（2）松开台钻两侧的 V 带调节螺钉，向外侧拉 V 带，电动机会向内移动，使 V 带变松。

（3）改变 V 带在两个五级带轮上的相对位置，即可使主轴得到五种转速。调整时一手转动带轮，另一手捏住两带轮之间的 V 带，将其向上或向下推向带轮的小轮端。按"由大轮调到小轮"的原则，当向上调整 V 带时，应先在主轴端带轮调整，向下则应先调电动机端带轮。

（4）V 带调整到位后，用双手将电动机向外推出，使 V 带收紧。一手推住电动机，另一手分别锁紧两个 V 带调节螺钉。

安装 V 带时，应按规定的初拉力张紧。台钻 V 带调整可凭经验安装，带的张紧程度以大拇指能将带按下 15mm 为宜，如图 24-5 所示。新带使用前，最好预先拉紧一段时间后再使用。严禁用其他工具强行撬入或撬出，以免对 V 带造成不必要的损坏。

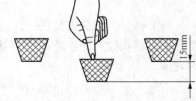

（5）合上防护罩，锁紧防护罩固定螺母。开机检查运转是否正常。

图 24-5　V 带调整示意图

操作二　调整床身高度

调整床身一定要先确定工件和钻头，在装一钻头后进行调整更直观。台钻结构略有不同，本书以图 25-2（a）中所示的台钻为例说明。

（1）调整钻头后，根据工件高度，确定要调整的距离。

（2）松开工件台锁紧手柄和保险环，转动工作台升降手柄，将工作台向上升至极限。

（3）确认保险环不会上下活动时，才可以松开床身锁紧手柄。

（4）再次用工作台升降手柄，将床身及工作台一起向上升高。当到达所需的高度时，锁紧床身手柄。

（5）反向转动工作台升降手柄，将工作台降下。用工件检查距离，并留意让刀孔是否对准，如果合适可将工作台锁紧。

（6）最后将保险环向上推到床身处，再锁紧。

项目测评

台式钻床的调整与使用评分标准如表 24-1 所示。

表 24-1　　　　　　　　　　　　台式钻床的调整与使用评分标准

班级：＿＿＿＿　姓名：＿＿＿＿　学号：＿＿＿＿　成绩：＿＿＿＿

序号	技术要求	配分	评分标准	交检记录	得分
1	台式钻床结构的掌握程度	10	目测		
2	台式钻床的装拆技能	20	目测		
3	台式钻床的转速调整技能	20	目测		
4	V 带张紧技能	20	目测		
5	调整床身高度	20	目测		
	安全文明生产	10	违者不得分		

知识链接

钻床发展简史

20 世纪 70 年代初，钻床在世界上还是采用普通继电器控制的。如 70 年—80 年代进入中国的美国 ELDORADO 公司的 MEGA50，德国 TBT 公司的 T30-3-250，NAGEL 公司的 B4-H30-C/L，日本神崎高级精工制作所的 DEG 型等钻床都是采用继电器控制的。

80 年代后期数控技术才逐渐开始在深孔钻床上得到应用，特别是 90 年以后这种先进技术才得到推广。如 TBT 公司 90 年代初上市的 ML 系列深孔钻床除进给系统由机械无级变速器改为采用交流伺服电动机驱动滚珠丝杠副，进给用滑台导轨采用滚动直线导轨以外，钻杆箱传动为了保证高速旋转、精度平稳，由交换皮带轮及皮带和双速电动机驱动的有级传动变为无级调速的变频电动机到电主轴驱动，为钻削小孔、深孔钻床和提高深孔钻床的制造水平和质量创造了有利条件。

为了加工某些零件上的相互交叉、任意角度或与加工零件中心线成一定角度的斜孔、垂直孔或平行孔等需要，各个国家专门开发研制多种专用深孔钻床。例如，专门为了加工曲轴上的油孔，连杆上的斜油孔、平行孔和饲料机械上料模的多个径向出料孔等，特别适用于大中型卡车曲轴油孔的 BW250-KW 深孔钻床，它们均具有 x、y、z、w 四轴数控。为了客户需要，在一条生产线上可以加工多种不同品种的曲轴油孔，于 2000 年设计制造了第一台柔性曲轴加工中心，可以加工 2～12 缸不同曲轴上所有的油孔。MOLLART 公司生产制造的专为加工颗粒挤出模具而开发的具有六等分六根主轴同时加工同一工件上六个孔的专用深孔钻床，该工件孔数量多达 36000 个，全都是数控系统控制的。

习题与思考

1. 简述台钻、立钻、摇臂钻的适用场合。
2. 钻夹头和钻头套各适用于什么场合？
3. 试述钻床操作的注意事项。

项目二十五　　台式砂轮机的调整与使用

项目任务

【技能目标】

掌握砂轮机的调整与使用。

相关工艺知识

　　砂轮机是钳工工作场地的常用设备，主要用来刃磨錾子、钻头和刮刀等刃具或其他工具，也可用来磨去工件或材料的毛刺、锐边等。砂轮机也是较容易发生安全事故的设备，其质脆易碎、转速高、使用频繁，如使用不当，容易发生砂轮碎裂而造成人身事故。另外，砂轮机托架的安装位置是否合理及符合安全要求，砂轮机的使用方法是否正确及符合安全操作规程，这些问题都直接关系到每一位操作工人的人身安全。因此，使用砂轮机要严格按照操作规程进行工作，以防止出现安全事故。

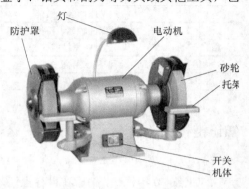

图 25-1　砂轮机的结构

　　如图 25-1 所示，砂轮机主要由砂轮、电动机、防护罩、机体和托架等组成。

项目实施

操作一　砂轮的检查

砂轮在使用前必须目测检查和敲击检查有无破裂和损伤。

（1）目测检查。所有砂轮必须目测检查，其上如有破损不准使用。

（2）敲击检查。检查方法是将砂轮通过中心孔悬挂，用小木槌敲击，敲击点在砂轮任一侧面上，距砂轮外圆面 20～50mm 处。敲击后将砂轮旋转 45° 再重复进行一次。若砂轮任一侧面发声清脆，允许使用；如发出闷声或哑声，则为有裂纹，不准使用。

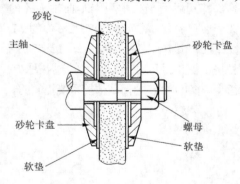

图 25-2　砂轮安装结构图

操作二　砂轮的安装（见图 25-2）

（1）安装砂轮前必须对砂轮进行目测检查、音响检查、标记核对、有效期核对和主轴转速核对等工作。

（2）砂轮必须平稳地装到砂轮主轴或砂轮卡盘上，并保持适当的间隙。砂轮孔径与主轴及砂轮卡盘的配合应符合《磨削机械案例规程》（GB 4674）。砂轮与砂轮卡盘压紧面之间必须衬以柔性材料（如纸板、橡胶等）制成的软垫，其厚度为 1～2mm，直径比压紧面直径大 2mm。相互配合面和压紧面应保持清洁，无任何附加物。

（3）为防止装砂轮的螺母在砂轮机启动和旋转过程中因惯性松脱，使砂轮飞出造成事故，砂轮机的主轴左右两端螺纹各有不同，在使用者右侧的为右螺纹，左侧的为左螺纹。在更换砂轮时应注意螺母的旋转方向。紧固时只允许使用专用螺母扳手，且必须在主轴相对的两侧对称地按顺序分次逐渐拧紧，螺母松紧应适当。

（4）新安装的砂轮必须在有防护罩的情况下，以工作速度按下列时间进行空转：外径<400mm 的砂轮不小于 2min，外径≥400mm 的砂轮不小于 5min。空转时，操作者不要站在它的前面或者切线方向。

（5）在砂轮完成安装之后，一定要在第一时间进行试运转，看是否会出现什么问题。试运转合格之后才能正常进行操作使用，以免发生危险。

操作三　更换砂轮

（1）用螺丝刀拆下砂轮机外侧的防护罩。

（2）松开砂轮机托架后，一只手握紧砂轮，另一只手用扳手旋开主轴上的螺母，注意旋出方向要正确。

（3）拆下砂轮卡盘，取出旧砂轮。

（4）将合格的新砂轮换上，注意垫好软垫，装上砂轮卡盘。

（5）把砂轮和砂轮卡盘装在主轴上，拧上螺母，注意拧紧螺母时用力不可过大，防止压碎砂轮。

（6）用手转动砂轮，检查安装质量。

（7）安装和调节砂轮机的托架与砂轮的距离，装上防护罩，拧紧防护罩螺丝。

（8）接通电源，空运转 3min，确认没有问题后，修整砂轮。

注意

（1）使用前应确认砂轮机电源线完好，防护罩牢固安全，砂轮机的托架与砂轮间距离保持在 3mm 以内，如图 25-3（a）所示。如果间隔距离过大，则在刃磨时容易将刃磨对象夹在砂轮与搁板之中，引起砂轮爆裂，造成安全事故，如图 25-3（b）所示。

（a）　　　　　　　　　　　　（b）

图 25-3　砂轮与搁架的距离不能太大

（2）砂轮的旋转方向应正确，使磨屑向下方飞离砂轮。

（3）启动后，应等砂轮转速平稳后再进行磨削。

（4）磨削时要防止刀具或工件撞击砂轮或施加过大的压力。

（5）磨削时，操作者不要站立在砂轮的正对面，而应站在侧面或斜对面。

（6）使用砂轮时，必须使用砂轮的外圆柱面刃磨，不得使用砂轮的侧面，以防砂轮变薄后强度不够，发生事故。

（7）用砂轮修整器或金刚石笔修正砂轮时，手要稳，压力要轻。修至砂轮表面平整、无跳动即可。如果用金刚石笔修整，中途不可蘸水，防止其遇冷碎裂。

项目测评

台式砂轮机的调整与使用评分标准如表 25-1 所示。

表 25-1　　　　　　　　　台式砂轮机的调整与使用评分标准

班级：_____　姓名：_____　学号：_____　成绩：_____

序号	技术要求	配分	评分标准	交检记录	得分
1	砂轮机结构的掌握程度	10	目测		
2	砂轮的检查技能	20	目测		
3	砂轮机的装拆技能	20	目测		
4	砂轮表面的修正	20	目测		
5	托架与砂轮间隙的调整	20	目测		
	安全文明生产	10	违者不得分		

知识链接

台式砂轮故障与排除方法如表 25-2 所示。

表 25-2　　　　　　　　　台式砂轮机的故障诊断与排除方法

各种故障	产生原因	排除方法
电动机不转动（有电磁声音）	1. 电容损坏；2. 三相电源断相；3. 开关损坏；4. 卡死；5. 烧坏	1. 更换新电容；2. 查修电路；3. 更换电源开关；4. 更换轴承；5. 修理绕组
电动机不转（无电磁声音）	1. 电源开关损坏；2. 停电；3. 绕组烧坏	1. 更换电源开关；2. 等待供电；3. 修理绕组
砂轮易碎或磨损过快	1. 砂轮类型不正确；2. 砂轮过期或质量不好；3. 轴承损坏；4. 安装不正确	1. 更换类型对应的砂轮；2. 更换合格砂轮；3. 更换轴承；4. 正确安装
声音不正常	1. 轴承磨损严重；2. 砂轮安装不正确；3. 缺相运行；4. 绕组故障	1. 更换轴承；2. 正确安装砂轮；3. 查修电源；4. 查修绕组
绕组烧毁	1. 定子、转子扫膛；2. 三相电动机断相运行；3. 单相电动机误接入 380V 电源	1. 更换轴承；2. 查修电源；3. 查修电源

习题与思考

1. 砂轮机由哪些部分组成？
2. 常用的砂轮机有哪几种？
3. 砂轮的检测方法有哪些？
4. 砂轮的安装步骤有哪些？

项目二十六　　电动工具的安全使用

项目任务

电动工具包括电钻、角向磨光机和电磨头等。电动工具以结构简单、重量轻、体积小、携带方便、使用灵活及操作容易等特点受到使用者的喜爱。电动工具已经在生产和生活中大量被使用，能正确使用典型电动工具并掌握它们的安全操作规程是非常重要的。

试用电钻在 Q235 的工件厚度方向上钻削几个 $\phi5mm$ 的孔，工件为 60mm×60mm 左右、厚度为 4mm 的材料。

【技能目标】

（1）掌握电动工具的调整与使用。

（2）掌握电动工具安全操作规程。

相关工艺知识

一、基础知识

电钻是一种手持式电动工具，如图 26-1 所示。电钻的规格是以最大钻孔直径来表示的。采用单相 220V 电压的电钻规格有 6mm、10mm、13mm、19mm 四种。

角向磨光机和电磨头属于磨削工具，如图 26-2 所示。它们适用于在工、夹、模具的装配调整中，对各种形状复杂的工件进行修磨或抛光。

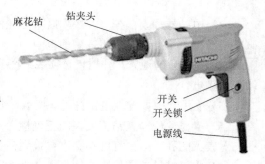

图 26-1　电钻结构

(a) 角向磨光机

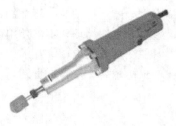

(b) 电磨头

图 26-2　角向磨光机和电磨头

二、安全文明生产知识

1. 手电钻使用注意事项

（1）电钻使用前，须先空转 1min，检查传动部分运转是否正常。如有异常的振动或噪声，应立即进行调整检修，排除故障后再使用。

（2）插入钻头后用钥匙旋紧钻夹头，不可用手锤等敲击钻夹头旋紧，防止敲坏电钻。

（3）使用的钻头必须锋利，钻孔时不宜用力过猛。当孔将要钻穿时，应相应减轻压力，以防发生事故。

（4）钻孔时必须拿紧电钻，不可晃动，小的晃动会使孔增大，大的晃动会使电钻卡死，甚至折断钻头。

2. 角向磨光机和电磨头使用注意事项

（1）使用前须先开机空转 2～3min，检查旋转声音是否正常，运转正常才可使用。

（2）检查砂轮片或磨头是否有裂纹或其他不良现象，有不合格的不能使用。

（3）使用砂轮片或磨头的外径应符合标牌上规定的尺寸，用附带的扳手将砂轮片或磨头装夹牢固。

（4）使用时，砂轮和工件的接触压力不宜过大，既不能用砂轮猛压工件，更不能用砂轮撞击工件，以防砂轮爆裂而造成事故。

3. 学会手电钻安全操作规程

（1）长发者须戴工作帽，工作时勿将手指或手套触及旋转部件，以免缠绕造成事故。严禁戴布、线手套作业。

（2）电钻外壳要采取接零或接地保护措施。插上电源插头，用试电笔测试确保外壳不带电方可使用。

（3）电钻导线要保护好，操作时不可让电缆线触及钻头及周围部件，严禁乱拖防止轧坏、割破电缆线，更不准把电缆线拖到油水中，防止油水腐蚀电缆线。

（4）在潮湿的地方工作时，必须戴绝缘手套、穿绝缘鞋，并站在绝缘垫或干燥的木板上工作，以防止触电。

（5）使用当中如发现电钻漏电、振动、高热或有异声时，应立即停止工作，找电工检查修理。

（6）操作前应检查钻头装夹的正确性。手握持牢固，站立重心须平稳，严禁坐着进行电钻作业。对较大的孔，应先打好小孔，再换大钻头。

（7）电钻的转速突然降低或停止转动时应赶快放松开关切断电源，慢慢拔出钻头。当孔要钻通时应适当减轻压力。

（8）电钻未完全停止转动时，不能卸、换钻头。停电、休息或离开工作地时，应立即切断电源。在有易燃、易爆气体的场合不能使用电钻。

（9）使用时要注意观察电刷火花的大小，若火花过大应停止使用并进行检查维修。发生故障时，应找专业电工检修，不得自行拆卸。

项目实施

操作一 将工件水平固定在地面或低台上，下面垫上木板块。

操作二 在要钻的位置打上样冲眼。

操作三 装上 ϕ5mm 的钻头，空转 1min，确认运转正常。

操作四 将钻头对准样冲眼后垂直工件开机钻孔。双手要拿稳电钻，不可晃动，慢慢施加压力至钻通。

项目测评

电动工具的安全使用评分标准如表 26-1 所示。

表 26-1　　　　　　　　　　电动工具的安全使用评分标准

班级：_____　姓名：_____　学号：_____　成绩：_____

序号	技术要求	配分	评分标准	交检记录	得分
1	姿势正确	10	目测		
2	划线	20	测量		
3	手电钻的正确使用	30	目测		
4	手电钻安全操作操作规程	20	记忆		
5	安全文明生产	10	违者不得分		

知识链接

电动工具的发展简况

1895 年，德国 FEIN 制造出世界上第一台直流电钻，外壳用铸铁制成，能在钢板上钻 4mm 的孔。随后出现了三相工频（50Hz）电钻，但电动机转速没能突破 3000r/min。1914 年，出现了单相串激电动机驱动的电动工具，电动机转速达 10000r/min 以上。1927 年，出现了供电频率为 150～200Hz 的中频电动工具，它既具有单相串激电动机转速高的优点，又具有三相工频电动机结构简单、可靠的优点，但因需用中频电流供电，使用受到限制。60 年代，随着电池制造技术的发展，出现了用镍镉电池作电源的无电源线的电池式电动工具。但当时因价格昂贵，发展较慢。到 70 年代中后期，因电池价格降低，充电时间也缩短，这种电动工具在欧美、日本得到广泛使用。电动工具最初用铸铁作外壳，后改用铝合金作外壳。60 年代，热塑性工程塑料在电动工具上获得应用，并实现了电动工具的双重绝缘，保障了电动工具的使用安全性。由于电子技术的发展，60 年代还出现了电子调速电动工具。这种电动工具利用晶闸管等元件组成电子线路，以开关揿钮被揿入的深度不同来调节转速，从而使电动工具在使用时能按被加工对象的不同（如材料、钻孔直径大小等），选择不同的转速。

习题与思考

1. 常用电动工具的种类有哪些？
2. 电动工具的安全防护有哪四种？
3. 选购电动工具时的注意事项有哪些？

模块七

7 装配

项目二十七　装配工艺概述及装配尺寸链

项目任务

前面学习了钳工基本技能知识、特殊技能知识和设备知识，并进行了相关的技能训练。零件加工的目的是为了装配成机器，而机器的质量最终是通过装配质量来保证的。装配是一项非常重要而细致的工作，也是钳工应该掌握的一项重要操作技能之一。

【知识目标】

了解装配工艺规程。

【技能目标】

掌握装配（工艺）尺寸链的常用方法，会计算 4 个组成环以内的装配（工艺）尺寸链。

相关工艺知识

一、装配工艺规程简述

机械产品一般由许多零件和部件组成。零件是构成机器的最小单元。两个或两个以上零件结合成整机的一部分，称为部件。按规定的技术要求，将若干零件结合成部件或若干零件和部件结合成整机的过程称为装配。最先进入装配的零件或部件称为装配基准件。直接进行总装的部件称为组件。直接进入组件装配的部件称为分组件。可以独立进行装配的部件称为装配单元。

装配工艺规程是指规定装配全部部件和整个产品的工艺过程以及所使用的设备和工具、量具、夹具等的技术文件。它规定部件及产品的装配顺序、装配方法、装配技术要求、检验方法及装配所需设备、工夹具及时间定额等，是提高产品质量和劳动生产率的必要措施，也是组织装配生的重要依据。

二、装配工艺过程

产品的装配工艺过程一般由以下四个部分组成。

1. 装配前的准备工作

熟悉产品的装配图及技术条件，了解产品结构、零件作用及相互连接方式。确定装配方法、顺序，准备所需要的工、夹具。零件进行清理和清洗，并检查零件加工质量。对有特殊要求的零部件还要进行平衡试验或密封性试验等。

2. 装配工作

对比较复杂的产品，其装配工件常分为部件装配和总装配。凡是将两个以下的零件组合在一起或将零件与几个组件结合在一起，成为一个装配单元的装配工作，称为部件装配。将零件和部件结合成一台完整产品的装配工作，称为总装配。

3. 调整、精度检验和试车

调整是调节零件或机构的相互位置、配合间隙、结合松紧等，使机器工作协调。精度检验是检验机构或机器的几何精度和工作精度。试车是试验机构或机器运转的灵活性、振动情况、工作温升、噪声和功率等性能参数是否达到要求。

4. 喷漆、涂油、装箱

喷漆是为了防止加工面锈蚀并使机器外表更加美观。涂油是为了防止工件表面及零件已加工表面锈蚀。装箱是为了便于运输。

三、装配的组织形式

装配的组织形式随着生产类型、产品复杂程度和技术要求的不同而不同。一般分为固定式装配和移动式装配两种。

四、装配尺寸链的基本概念

在图 27-1（a）中，齿轮孔与轴配合间隙 A_0 的大小，与孔径 A_1 及轴径 A_2 的大小有关。这些相互联系的尺寸，按一定顺序排列成一个封闭尺寸组，称为尺寸链。

影响某一装配精度的各有关装配尺寸所组成的尺寸链称为装配尺寸链。

装配尺寸链可以从装配图中找出。为简便起见，通常不绘出该装配部分的具体结构，也不必按严格的比例绘制，只要依次绘出各有关尺寸，排列成封闭外形的尺寸链简图（见图 27-1（b））即可。图中各环分别为封闭环 A_0、增环 A_1 和减环 A_2。

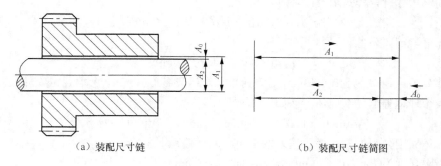

（a）装配尺寸链　　　　　　　　　　　　（b）装配尺寸链简图

图 27-1　齿轮孔与轴的配合

项目实施

装配齿轮并解尺寸链。

图 27-2（a）所示的是齿轮装配单元。为了使齿轮能正常工作，要求装配后齿轮端面和箱体内壁凸台端面之间具有 0.10～0.30mm 的轴向间隙。已知 $B_1=80$mm，$B_2=60$mm，$B_3=20$mm，试用完全互换法解此尺寸链。

分析：在装配过程中，为了解决产品的某一精度问题，通常会涉及各零件的尺寸和制造精度及相互位置的正确关系。装配中采取合适的工艺措施，经过仔细修配和调整，就能够使产品达到规定的技术要求。

通过分析齿轮与箱体的装配单元图样，可知齿轮端面和箱体内壁凸台端面配合间隙 B_0 的大小与箱体内壁之间的距离 B_1、齿轮宽度 B_2 及垫圈厚度 B_3 的大小有关，根据加工难易程度，确定协调环为垫圈厚度 B_3。通过解齿轮与箱体的装配尺寸链，对协调环垫圈厚度进行修配和调整，就能满足图样的轴向间隙要求。

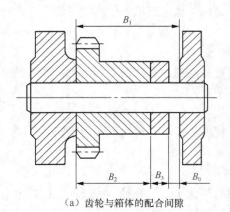

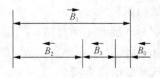

（a）齿轮与箱体的配合间隙　　　　　　（b）齿轮与箱体的配合尺寸链简图

图 27-2　齿轮与箱体的配合

解：（1）根据装配图，绘出尺寸链简图，如图 27-2（b）所示。

（2）确定各环：封闭环为 B_0；增环为 $\overrightarrow{B_1}$；减环为 $\overleftarrow{B_2}$、$\overleftarrow{B_3}$。

（3）列出尺寸链方程式求封闭环基本尺寸。

$$B_0=B_1-(B_2+B_3)=80-(60+20)=0 \ (\text{mm})$$

（4）计算封闭环公差。

$$T_0=0.30-0.10=0.20 \ (\text{mm})$$

根据等公差原则，公差为 0.20mm 时要给增环和减环各 0.10mm，考虑各组成环尺寸加工难易程度，比较合理地分配各组成环公差如下。

$$T_1=0.10 \ (\text{mm}) \qquad T_2=0.06 \ (\text{mm}) \qquad T_3=0.04 \ (\text{mm})$$

再按入体原则分配偏差，增环偏差取正值，减环偏差取负值。

故取极限尺寸为 $B_1=80_0^{+0.10}$ （mm），$B_2=60_{-0.006}^{0}$ （mm）。

（5）确定协调环。选便于制造及可用通用量具测量的尺寸 B_3，确定 B_3 极限尺寸。

由：
$$B_{0\text{min}}=B_{1\text{min}}-(B_{2\text{max}}+B_{3\text{max}})$$
$$B_{3\text{max}}=B_{1\text{min}}-B_{2\text{max}}-B_{0\text{min}}$$
$$=80-60-0.10$$
$$=20-0.10 \ (\text{mm})$$

又由：
$$B_{0\text{max}}=B_{1\text{max}}-(B_{2\text{min}}+B_{3\text{min}})$$
$$B_{3\text{min}}=B_{1\text{max}}-B_{2\text{min}}-B_{0\text{max}}$$
$$=(80+0.10)-(60-0.006)-0.30$$
$$=20-0.14 \ (\text{mm})$$

故：
$$B_3=20_{-0.14}^{-0.10} \ (\text{mm})$$

项目测评

装配尺寸链计算评分标准如表 27-1 所示。

表 27-1 　　　　　　　　　　　　　　装配尺寸链计算评分标准

班级：_____　　姓名：_____　　学号：_____　　成绩：_____

序号	技术要求	配分	评分标准	交检记录	得分
1	各技术名称的掌握	10	抽检		
2	装配尺寸链组成部分的含义	10	抽检		
3	正确使用等公差原则	20	目测		
4	正确使用入体原则	20	目测		
5	正确确定协调环	20	目测		
6	能使用完全互换法解尺寸链	20	目测		

知识链接

装配前的准备工作

1. 装配零件的清理和清洗

在装配过程中，零件的清理和清洗工作对提高装配质量，延长产品使用寿命具有重要的意义，特别是对轴承、精密配合件、液压元件、密封件以及有特殊清洗要求的零件更为重要。

2. 零件的密封性试验

对某些要求密封的零件，如机床的液压元件、油缸、阀体、泵体等，要求在一定压力下不允许发生漏油、漏水或漏气现象，也就是要求这些零件在一定的压力下具有可靠的密封性。因此，在装配前需要进行密封性试验。

密封性试验有所压法和液压法两种。

3. 旋转件的平衡试验

为了防止机器中的旋转件（如带轮、齿轮、飞轮等各种转子）工作时因出现不平衡的离心力所引起的机械振动，造成机器工作精度降低、零件寿命缩短、噪声增大，甚至发生破坏性事故。装配前，对转速较高或"长径比"较大的旋转零件、部件都必须进行平衡试验，以抵消或减少不平衡离心力，使旋转件的重心调整到转动轴心线上。

旋转件不平衡的形式可分静不平衡和动不平衡两类。

习题与思考

1. 简述零件、部件、组件及分组件的区别。
2. 说明什么是装配、部件装配和总装配？
3. 产品装配工艺过程一般包括哪四个阶段？各自的工作内容是什么？
4. 什么是装配精度？装配精度与零件制度精度有何关系？
5. 什么叫解装配尺寸链？其解法有哪几种？

项目二十八 基本元件的装配

项目任务

目前，在毛坯制造和机械加工等方面实现了高度的机械化和自动化，发展了大量的新工艺，大大节省了人力和费用。机器装配在整个机械制造中所占的比重日益加大，装配工人的技能水平和劳动生产率必须大幅提高，才能适应整个机械工业的快速发展形势，达到质量好、效率高、成本低的要求，为国民经济各部门提供大量先进的成套技术装备。通过本项目的学习后，要能根据蜗杆传动机构装配的技术要求，对图 28-1 所示的蜗轮蜗杆机构进行装配和调整。

【知识目标】
（1）掌握螺纹连接的装配方法。
（2）掌握滚动轴承的装配方法。
（3）掌握轴组、键机构的装配方法。
（4）掌握带传动机构的装配方法。
（5）掌握链传动机构的装配方法。
（6）掌握齿轮传动动机构的装配方法。
（7）掌握蜗杆传动机构的装配方法。

【技能目标】
（1）掌握螺纹连接的装拆工具的正确使用方法。
（2）学会对蜗杆传动机构进行装配和调整。

图 28-1 滑动轴承的结构

相关工艺知识

一、螺纹连接的装配

1. 螺纹连接的种类

螺纹连接是一种可拆卸的固定连接。常用的螺纹连接件有螺钉或螺栓，称为普通螺纹连接。图 28-2 所示为普通螺纹连接的种类及其形式。

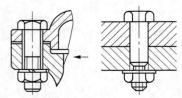

（a）普通螺纹连接　（b）紧定螺纹连接　（c）双头螺栓连接　（d）普通螺钉连接　（e）紧定螺钉连接　（f）地脚螺栓连接

图 28-2 普通螺纹连接的种类及其形式

螺钉头部形状除六角形外，还有圆柱头内六角、圆柱头、沉头、吊环、半圆头、十字槽等形状，如图 28-3 所示。

（a）圆柱头内六角　　　　　　　　（b）圆柱头　　　　　　　　（c）沉头

（d）吊环　　　　　　　　　（e）半圆头　　　　　　　　（f）十字槽

图 28-3　普通螺钉头部形状

用于螺纹连接的螺母种类很多，常用的有六角螺母、带槽六角螺母、方螺母、圆螺母、碟形螺母等，如图 28-4 所示。

图 28-4　螺母的种类

2. 螺纹连接的装拆工具

螺纹连接的主要装拆工具有螺丝刀和扳手。根据使用场合和部位的不同，可选用各种不同类别的螺丝刀和扳手。常用的有以下几种。

（1）螺丝刀。用于装拆头部开槽的螺钉。常用的螺丝刀如图 28-5 所示。

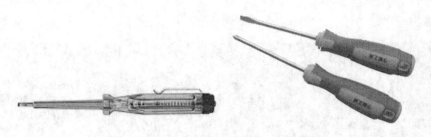

图 28-5　常用的螺丝刀

（2）活动扳手。活动扳手如图 28-6（a）所示，使用时可根据螺母的大小调节开口。使用时应让其固定钳口承受主要作用力，否则会损坏扳手，如图 28-6（b）所示。其规格用长度表示，有 100mm、150mm、300mm 等几种。

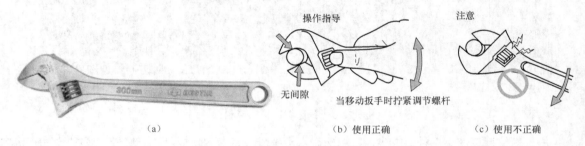

（a）　　　　　　　　　　　　　　（b）使用正确　　　　（c）使用不正确

图 28-6　活动扳手及其使用

（3）呆扳手。用于装拆六角形或方头的螺母或螺钉，有单头和双头之分。其开口尺寸与螺母或螺钉对边间距的尺寸相适应，并根据标准尺寸做成一套，如图 28-7 所示。

（4）梅花扳手。梅花扳手内孔为 12 边形，只要转动 30°，就可以改换方向再扳，适用于工作空间狭小，不能容纳普通扳手的场合，如图 28-8 所示。

图 28-7　呆扳手　　　　　　　　　　　　图 28-8　梅花扳手

（5）套筒扳手。如图 28-9 所示，套筒扳手由一套尺寸不等的梅花套筒组成。在受结构限制、其他扳手无法装拆，或为了节省装拆时间时采用，使用方便，工作效率较高。

（6）内六角扳手。如图 28-10 所示，用于装拆内六角螺钉。成套的内六角扳手，可供装拆 M4～M30 的内六角螺钉。

（7）扭力扳手。如图 28-11 所示，扭力扳手是用于测量扭力值大小的一种量具。它能够把负荷在测量器一头的力值通过自身的内部机构表现出来。在当今的机械制造领域被广泛应用，在测量螺丝扭矩、破坏扭断力及紧固螺丝件方面是一种不可缺少的仪器。

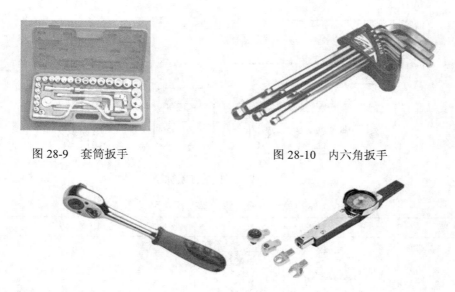

图 28-9　套筒扳手　　　　　　　图 28-10　内六角扳手

图 28-11　扭力扳手

3. 螺纹连接的装配

（1）双头螺栓的装配要点。

① 双头螺栓与机体螺纹的连接必须紧固。在装拆螺母过程中，螺栓不能有任何松动的现象，否则容易损坏螺孔。

② 双头螺栓的轴线必须与机体表面垂直，通常用直角尺检验或目测判断。如发现较小的偏斜，可用锤击校正螺栓或用丝锥回攻来校正螺孔。若偏差较大，则不得强行校正，以免影响连接的可靠性。

③ 装入双头螺栓时，必须用油润滑，避免旋入时产生咬合现象，便于以后拆卸方便。常用的拧紧双头螺栓的方法如图 28-12 所示。

（2）螺母、螺钉的装配要点。

① 螺杆不产生弯曲变形，螺钉头部、螺母底面应与连接件接触良好。

② 被连接件应均匀受压，互相紧密贴合，连接牢固。

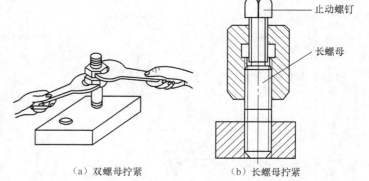

（a）双螺母拧紧　　　　（b）长螺母拧紧

图 28-12　双头螺栓拧紧的方法

③ 拧紧成组螺母或螺钉时，为使被连接件及螺杆受力均匀一致，不产生变形，应根据被连接件形状和螺母或螺钉的分布情况，按照先中间、后两边的原则分层次、对称、逐步拧紧。如图 28-13 所示。

4. 螺纹连接的防松装置

螺纹连接用于振动或冲击场合时，会发生松动，为防止螺钉或螺母松动必须有可靠的防松装置。防松的根本问题在于防止螺纹副的相对转动。防松的方法很多，按工作原理不同，可分为三类，表 28-1 所示为常用螺纹防松装置的类型及应用。

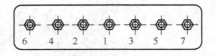

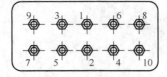

图 28-13　成组螺母的拧紧顺序

表 28-1　　　　　　　常用螺纹防松装置的类型及应用

类　型		结　构　形　式	特点及应用
摩擦防松	对顶螺母		利用主、副两个螺母，先将主螺母拧紧至预定位置，然后再拧紧副螺母。这种防松装置由于要用两只螺母，增加了结构尺寸和质量，一般用于低速重载或较平稳的场合
	弹簧垫圈		这种防松装置容易刮伤螺母和被连接件表面，同时，因弹力分布不均，螺母容易偏斜。其构造简单，一般用于工作较平稳，不经常装拆的场合
机械防松	开口销与槽形螺母		用开口销螺母直接锁在螺栓上。它防松可靠，但螺杆上销孔位置不易与螺母最佳锁紧位置的槽口吻合。多用于变载和振动场合
	圆螺母止动垫圈		装配时，先把垫圈的内翅插入螺杆中，然后拧紧螺母，再把外翅弯入螺母的外缺口内。用于受力不大的螺母防松
	六角螺母止动垫圈		垫圈耳部分别与连接件和六角螺钉或螺母紧贴，防止回松。用于连接部可容纳弯耳的场合

续表

类　　　型		结　构　形　式	特点及应用
机械防松	串联钢丝	正确 错误	用钢丝穿过各螺钉或螺母头部的径向小孔，利用钢丝的牵制作用来防止回松。使用时应注意钢丝的穿绕方向。适用于布置较紧凑的成组螺纹连接
破坏螺纹副的运动关系防松	冲点和点焊	冲点　　　点焊	将螺钉或螺母拧紧后，在螺纹旋合处冲点或点焊。防松效果很好，用于不再拆卸的场合
	粘接	涂黏结剂	在螺纹旋合表面涂黏结剂，拧紧后，黏结剂自行固化，防松效果良好，且有密封作用，但不便拆卸

5. 螺纹连接的损坏形式及修复

（1）螺钉损坏使配合过松。可将螺孔钻大，攻制大直径的新螺纹，配换新螺钉。当螺孔螺纹只损坏端部几扣丝时，可将螺孔加深，配换稍长的螺栓。

（2）螺钉、螺柱的螺纹损坏。一般更换新的螺钉、螺柱。

（3）螺栓头拧断。若螺栓断处在孔外，可在螺栓上锯槽、锉方或焊上一个螺母后拧出。若断处在孔内，可用比螺纹小径小一点的钻头将螺柱钻出，再用丝锥修整内螺纹。

（4）螺钉、螺柱因锈蚀难以拆卸。可采用煤油浸润，使锈蚀处疏松后即容易拆卸；也可用锤子敲打螺钉或螺母，使铁锈受振动脱落后拧出。

二、滚动轴承的装配

滚动轴承一般由外圈、内圈、滚动体和保持架组成，如图 28-14 所示。滚动轴承具有摩擦力小、轴向尺寸小、更换方便和维护容易等优点，所以在机械制造中应用十分广泛。

1. 滚动轴承装配的技术要求

（1）滚动轴承上带有标记代号的端面应装在可见方向，以便更换时查对。

（2）轴承装在轴上或装入轴承座孔后，不允许有歪斜现象。

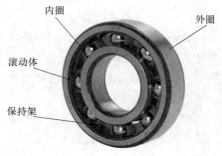

图 28-14　滚动轴承的结构

（3）同轴的两个轴承中，必须有一个轴承在受热膨胀时有轴向移动的余地。

（4）装配轴承时，压力应直接加在等配合的套圈端面上，不允许通过滚动体传递压力。

（5）装配过程中应保持清洁，防止异物进入轴承内。

（6）装配后的轴承应运转灵活、噪声小且工作温度不超过 50℃。

2. 不可分离型轴承的装配

角接触球轴承是整体式圆柱孔轴承的典型代表,它的装配工艺具有圆柱孔轴承装配的代表性,因其内、外圈不能分离,装配时应按座圈配合松紧程度来决定其装配顺序和装配方法,如图 28-15 和图 28-16 所示。

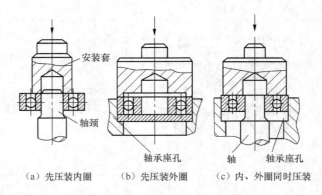

（a）先压装内圈　（b）先压装外圈　（c）内、外圈同时压装

图 28-15　轴承座圈装配顺序

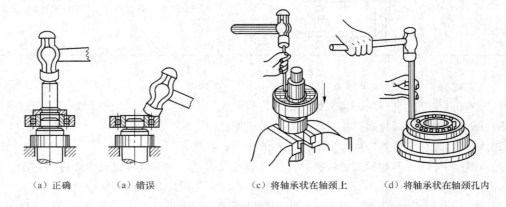

（a）正确　　（a）错误　　（c）将轴承状在轴颈上　（d）将轴承状在轴颈孔内

图 28-16　轴承座圈锤击法

3. 分离型轴承的装配

如图 28-17 所示，圆锥滚子轴承是分体式轴承的典型代表。它的内、外圈可以分离，装配时可分别将内圈和滚动体一起装入轴上，外圈装入轴承座孔中，装配时仍按其过盈量大小来选择装配方法和工具。

4. 推力球轴承的装配

推力球轴承有松圈和紧圈之分，装配时一定要注意，千万不能装反，否则将造成轴发热甚至卡死现象。装配时应使紧圈靠在转动零件的端面上，松圈靠在静止零件（或箱体）的端面上，如图 28-18 所示。否则滚动体将丧失作用，从而加剧配合零件的磨损。

图 28-17　圆锥滚子轴承

（a）实物图

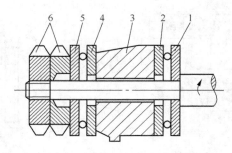

（b）推力球轴承的装配

1、5—紧圈；2、4—松圈；3—箱体；6—螺母

图 28-18　推力球轴承

5．滚动轴承的预紧

对于承受载荷较大、旋转精度要求较高的轴承，大都是在无游隙甚至有少量过盈的状态下工作的，这些都需要轴承在装配时进行预紧。预紧就是轴承在装配时，给轴承的内圈或外圈施加一个轴向力以消除轴承游隙，并使滚动体与内、外圈接触处产生初变形。预紧能提高轴承在工作状态下的刚度和旋转精度，滚动轴承的预紧原理如图 28-19 所示。其预紧方法如图 28-20 所示。

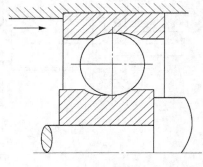

图 28-19　滚动轴承的预紧原理

三、轴组、键的装配

1．轴组的装配

轴是机械中的重要组成部分，所有带孔的传动零件（如齿轮、带轮、蜗轮等）都要装到轴上才能工作。轴、轴上零件和两轴承支座的组合，称为轴组。轴组装配是指将装配好的轴组组件，正确地安装到机器中，达到装配技术要求，并保证其能正常工作。

轴工作时，既不允许有径向移动，也不允许有较大的轴向移动，又不致因受热膨胀而卡死，因此，要求轴承有合理的固定方式。轴承的径向固定有两端单向固定和一端双向固定两种方式，如图 28-21 所示。

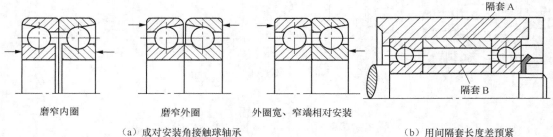

磨窄内圈　　　　磨窄外圈　　　　外圈宽、窄端相对安装

（a）成对安装角接触球轴承　　　　　　　　（b）用间隔套长度差预紧

图 28-20　滚动轴承的预紧

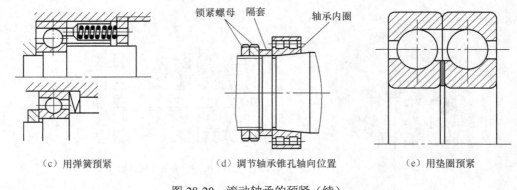

（c）用弹簧预紧　　　　　　　（d）调节轴承锥孔轴向位置　　　　　　（e）用垫圈预紧

图 28-20　滚动轴承的预紧（续）

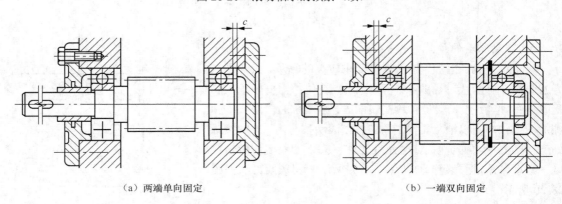

（a）两端单向固定　　　　　　　　　　　　　　（b）一端双向固定

图 28-21　滚动轴承轴的固定形式

2．键连接的装配

键是用来连接轴和轴上零件，用于周向固定以传递扭矩的一种机械零件。它具有结构简单、工作可靠、装拆方便等优点，因此获得广泛应用。

根据结构特点和用途不同，键连接可分松键连接、紧键连接和花键连接三大类，如图 28-22 所示。

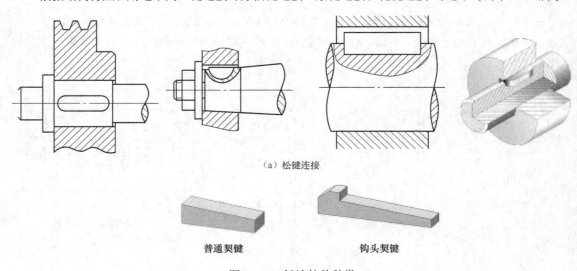

（a）松键连接

普通契键　　　　　　　钩头契键

图 28-22　键连接的种类

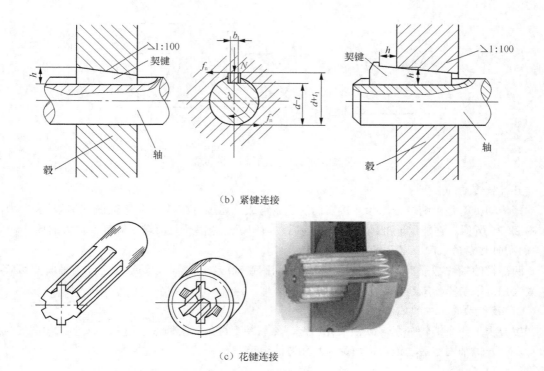

（b）紧键连接

（c）花键连接

图 28-22　键连接的种类（续）

四、带传动机械的装配

1. 带传动机构

带传动是常用的一种机械传动，它是依靠张紧在带轮上的带与带轮之间的摩擦力或啮合来传递运动和动力的。带传动具有工作平稳、噪声小、结构简单、制造方便及能过载保护等优点，适用于两轴中心较大的传动。带传动的常用种类应用场合如图 28-23 所示。

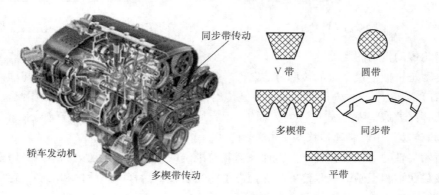

图 28-23　带传动的应用及种类

2. 带和带轮的装配

带轮孔与轴为过渡配合，有少量过盈，同轴度较高，并用紧固件做周向和轴向固定。安装 V 带时先将其套在小带轮轮槽中，然后套在大轮上，边转动大轮，边用一字螺丝刀将带拨入带轮槽。装好后的 V 带在槽中的正确位置如图 28-24（a）所示。然后调整好张紧力。

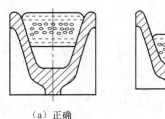
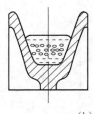
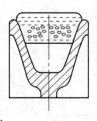

（a）正确　　　　　　　　　　　（b）错误

图 28-24　V 带在轮槽中的位置

五、链传动的装配

链传动机构是由两个链轮和连接它们的链条组成，通过链和链轮的啮合来传递运动和动力，如图 28-25 所示。它能保证准确的平均传动比，适用于远距离传动要求或温度变化大的场合。

1. 链传动的装配技术要求

两链轮的轴线必须平行，径向圆跳动和端面圆跳动应符合要求；两链条之间的轴向偏移量不能太大，链条的松紧应适当。

2. 链传动的机构的装配

按要求将两个链轮分别装到轴上并固定，然后装上链条。套筒滚子链的接头形式如图 28-26 所示，有开口销固定活动销轴、弹簧卡片和过渡链节三种。

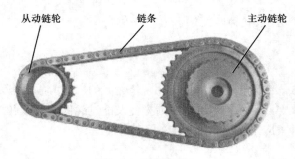

图 28-25　链传动

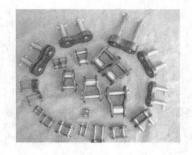

图 28-26　套筒滚子链的接头形式

六、齿轮传动机构的装配

齿轮传动是机械中最常见的传动方式之一，它依靠轮齿间的啮合来传递运动和动力，在机械传动中应用广泛，如图 28-27 所示。其优点是传动比恒定、变速范围大、传动效率高、结构紧凑、使用寿命长等；缺点是噪声大、无过载保护、不宜用于远距离传动、制造装配要求高等。

1. 齿轮传动机构的装配的技术要求

保证齿轮与轴的同轴度精度要求；保证齿轮有准确的中心距和适当齿侧间隙；保证齿轮啮合有足够的接触面积和正确的接触位置；保证滑动齿轮在轴上滑移的灵活性和准确的定位位置。对转速高、直径大的齿轮，装配前应进行动平衡。

2. 圆柱齿轮传动机构的装配

齿轮传动的装配与齿轮箱的结构特点有关，一般是先将齿轮按要求装入轴上，然后将齿轮组件再装入箱体内，对轴承进行装配、调整，盖上端盖即可。

3. 圆锥齿轮传动机构的装配

圆锥齿轮装配的顺序应根据箱体的结构而定，一般是先装主动轮、再装从动轮，关键是要做好两齿轮轴的轴向定位和侧隙的调整工作。

七、蜗杆传动机构的装配

蜗杆传动机构用来传递互相垂直的、空间交错两轴之间的运动和动力，如图 28-28 所示。常用于转速急剧降低的场合，它具有降速比大、结构紧凑、有自锁性、传动平稳、噪声小等特点。缺点是传动效率低，工作时发热大，需要有良好的润滑。

图 28-27　齿轮传动

图 28-28　蜗杆传动

1. 机构装配的技术要求

保证蜗杆轴线与蜗轮轴线垂直，蜗杆轴线应在蜗轮轮齿的对称平面内；蜗杆、蜗轮的中心距一定要准确，有合理的齿侧间隙并保证传动有良好的接触精度。

2. 蜗杆传动机构的装配

将蜗轮装在轴上，再把蜗轮轴装入箱体后装入蜗杆。若蜗轮不是整体时，应先将蜗轮齿圈压入轮毂上，然后用螺钉固定。装配后的蜗杆传动机构还要检查其转动的灵活性，在保证啮合质量的条件下转动灵活，则装配质量合格。

项目实施

操作一　识读蜗杆传动机构装配图，了解装配关系和技术要求。

操作二　根据图样要求，选择外径千分尺一把，内径百分表一套，百分表和磁性表架一套，检验心棒两根。

操作三　选择锉刀一把，平面刮刀一把，紫铜棒一根，螺丝刀一把，带孔工作台，检验平板一块，千斤顶三个，装满机械油的油枪一把，红丹粉、煤油适量，钻头、螺孔加工工具及设备等。

操作四　分别将检验心棒 1 和 2 插入箱体中的蜗杆装配孔和蜗轮装配孔内，箱体用千斤顶支撑安放在检验平板上。分别测量出两检验心棒到平板的距离，即可计算出蜗杆孔与蜗轮孔间的中收距 A，如图 28-29 所示。

操作五　箱体孔内插入检验心棒 1 和 2，保证检验心棒 1 无轴向移动，在检验心棒 1 的一端安装摆杆以便于固定百分表，转动检验心棒 1，在检验心棒 2 的 m、n 两点处读取百分表的读数差，即箱体孔两轴线在长度 L 内的垂直度误差，如图 28-30 所示。

操作六　用细齿锉刀和平面刮刀清理各零件毛刺、箱体砂粒等，用煤油清洗蜗杆、蜗轮及其他零件。

操作七　用外径千分尺和内径百分表测量各配合尺寸是否符合装配要求。

操作八　按照蜗轮轴上的键槽尺寸配锉平键，加注机械油后装配在轴上键槽内。

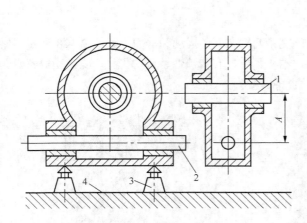

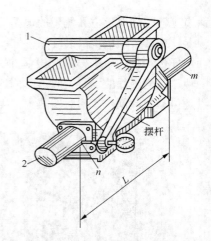

图 28-29 箱体孔中心距的检验　　　　　　　图 28-30 箱体孔轴线垂直度误差的测量

1、2—检验心棒；3—千斤顶；4—检验平板

操作九　将蜗轮的齿圈 1 压装在轮毂 2 上，配钻紧定螺钉底孔，并攻螺纹，用螺丝刀装，如图 28-31 所示。

操作十　将蜗轮放在带孔的工作台上，轴上用油枪注上机械油，用紫铜棒装入蜗轮内达到装配要求。

操作十一　装配后的蜗轮轴组件用油枪注上机械油装入箱体，按照装配图的位置，将轴的一头插入箱体内，再装入另一头。

操作十二　装配轴承及端盖，用内六角扳手拧紧螺钉。

操作十三　将蜗杆从箱体孔内插入，并将蜗杆两端的滚动轴承装上。

操作十四　对蜗杆蜗轮啮合时的侧隙一般用百分表或专业工具进行测量，如图 28-32 所示，方法有直接测量法和用测量杆测量法。若蜗杆传动机构精度不高，也可用手转动蜗杆，根据空程量来判定侧隙大小。

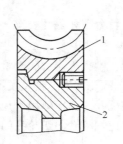

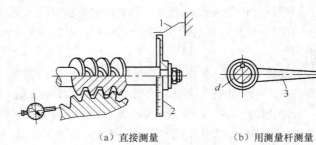

（a）直接测量　　　　　　（b）用测量杆测量

图 28-31 配钻紧定螺钉孔　　　　　图 28-32 蜗杆蜗轮啮合时侧隙的测量

1—齿圈；2—轮毂　　　　　　　　1—指针；2—刻度盘；3—测量杆

操作十五　蜗杆传动机构的接触精度可用涂色法进行检查，先将红丹粉涂在蜗杆的螺旋面上，转动蜗杆，可在蜗轮齿面上留下三种不同位置的接触斑点，如图 28-33 所示。在对称中心平面内，对于蜗轮轴线偏位于蜗杆轴线，可采用改变蜗轮两端面的垫片厚度，来调整蜗轮的轴向位置。

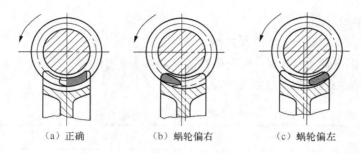

（a）正确　　　　　（b）蜗轮偏右　　　　　（c）蜗轮偏左

图 28-33　用涂色法检查接触精度

项目测评

蜗轮蜗杆机构装配评分标准如表 28-2 所示。

表 28-2　　　　　　　　　　　蜗轮蜗杆机构装配评分标准

班级：_____　　姓名：_____　　学号：_____　　成绩：_____

序号	技术要求	配分	评分标准	交检记录	得分
1	装配图的识读	5	讲述		
2	零、部件的清理和清洗	5	目测		
3	箱体孔中心距的检测	10	测量		
4	箱体孔轴线垂直度误差的测量	10	测量		
5	装配前各零件配合尺寸的检测	5	测量		
6	各螺母、螺钉预紧力的检测	5	测量		
7	蜗轮轴组件的装配	10	目测		
8	蜗杆的装配	5	目测		
9	蜗轮蜗杆机构装配时侧隙的检测	10	测量		
10	用涂色法检测接触精度	10	目测		
11	齿轮减速箱的外观检测	10	目测		
12	装配工具的合理选用	5	目测		
13	安全文明生产	10	违者不得分		

知识链接

润滑剂

1. 润滑剂的作用

在轴承或其他相对运动的接触表面之间加入润滑剂后，润滑剂能在摩擦表面之间形成一层油膜，使两个接触面上凸起部分不致产生撞击，并减少相互间的摩擦力。在润滑良好的条件下，摩擦系数可降至 0.001 或更少，并能起到冷却、洗涤、防锈、密封、缓冲和减振等作用。

2. 润滑剂的种类

润滑剂有润滑油、润滑脂和润滑剂三类。

（1）润滑油。润滑油中应用最广的是矿物油，是原油提炼出来的，成本低、产量大、性能也较稳定。常用润滑油的种类和用途如表 28-3 所示。

表 28-3　　　　　　　　　　　常用润滑油的种类和用途

类　别	牌　号	用　途
机械油	N10、N15、N32、N46、N68	号数小的适用于高速、轻载的机械上 号数大的适用于低速、重载的机械上
精密主轴油	N2、N5、N7、N15	适用精密主轴的滑动轴承，也可用于中等转速的精密滚动轴承
汽轮机油	N32、N46、N68、N100	适用于润滑汽轮机的滑动轴承
重型机械油	N68	适用于大型轧钢机和剪板机
齿轮油	N32、N46	适用于汽车、拖拉机和工程机械的齿轮传动装置

润滑油选用的一般原则如下所述。

① 工作温度低，宜选用黏度低的油；工作温度高，宜选用黏度高的油。

② 负荷大时，选用的油黏度要高，以保证油膜不被挤破。

③ 运动速度大时，宜选用黏度低的油，以减少油的内摩擦力，降低动力消耗。

④ 摩擦表面的间隙小时，宜选用黏度低的油，以保证容易流入。

（2）润滑脂。润滑脂又称黄油，是一种凝胶状润滑剂，由润滑油和稠化剂合成。稠化剂有钠皂、钙皂和铝皂等多种。润滑脂有润滑、密封、防腐和不易流失等特点，故主要应用于加油或换油不方便的场合。

（3）固体润滑剂。固体润滑剂有石墨、二硫化钼和聚四氟乙烯等，可以在高温、高压下使用。

习题与思考

1. 装配工作对产品质量有何影响？

2. 在装配过程中有哪些工作要点需要遵守？

3. 传动机械有哪几种形式？装配方法有何异同？

4. 滚动轴承预紧的目的是什么？如何对滚动轴承进行预紧？

项目二十九　装配基本技能训练

项目任务

减速箱是原动机和工作机之间的、独立封闭的传动装置，其主要功能是降低转速、增大转矩以满足各种工作机械的要求。齿轮减速箱是减速箱使用中最常见的一种类型，其结构较为典型，工艺简单，精度易于保证，通常传动比 $i \leqslant 8$，应用广泛。如图 29-1 所示，其结构反映了常用的机械结构和装配关系，如固定连接、齿轮连接、销连接、键连接和螺纹连接等，有轴组、齿轮副配合，有轴承以及密封等，小小的一台减速箱，可以反映出许多前面已学习过的知识和技能，是前面知识与技能的综合体现。

图 29-1　减速箱的结构

【知识目标】

（1）了解减速箱的主要结构、主要部件及整机的装配工艺和装配要点。

（2）了解齿轮、轴承的润滑、冷却及密封方式与结构。

（3）了解轴承及轴上零件的调整、固定方法。

【技能目标】

（1）学会选择和使用拆装工具进行正确拆装。

（2）掌握对主要零件、部件的测量技术。

（3）能正确分析和看懂减速箱装配图。

（4）能进行部件装配，符合装配精度要求。

相关工艺知识

一、减速箱主要部件及附属零件的名称和作用

（1）检查孔盖和窥视孔。在减速箱上部打开检查孔盖，可以看到传动零件啮合处的情况，以便检查齿面接触斑点和齿侧间隙。润滑油也由此注入机体内。

（2）油塞。减速箱底部设有放油孔，用于排出污油，注油前用螺塞堵住。

（3）油标尺（孔）。油标用来检查油面高度，以保证有正常的油量。油标有各种结构类型，有的已定为国家标准件。

（4）通气器。减速箱运转时，由于摩擦发热，使机体内温度升高，气压增大，导致润滑油从缝隙向外渗漏。所以常在机盖顶部或窥视孔盖上安装通气器，使机体内热胀气体自由逸出，达到机体内外气压相等，提高机体有缝隙处的密封性能。

（5）启盖螺钉。机盖与机座接合面上常涂有水玻璃或密封胶，连接后接合较紧，不易分开。为了便于取下机盖，在机盖凸缘上常装有 1～2 个启盖螺钉，在启盖时，可先拧动此螺钉顶起机盖。

（6）定位销。为了保证轴座孔的安装精度，在机盖和机座用螺栓连接后，镗孔之前装上两个定位销，销孔位置尽量远些以保证定位精度。如机体结构是对称的，销孔位置不应对称布置。

（7）调整垫片。高速垫片由多片很薄的软金属制成，用以调整高速轴承间隙。有的垫片还要起传动零件轴向位置的定位作用。

（8）环首螺钉、吊环和吊钩。在机盖上装有环首螺钉或铸出吊钩，用以搬运或拆卸机盖。在机座上铸出吊钩，用以搬运机座或整个减速箱。

（9）密封装置。在伸出轴与端盖之间有间隙，必须安装密封件，以防止漏油和污物进入机体内。密封件多为标准件，其密封效果相差很大，应根据具体情况选用。

二、机体结构

减速箱机体是用以支持和固定轴系零件，保证传动零件的啮合精度、良好润滑及密封的重要零件，其重量约占减速箱总重量的 50%。机体材料多用铸铁（HT150 或 HT200）。机体可以做成剖分式或整体式。剖分式机体的剖分面多取传动件轴线所在平面，一般只有一个水平剖分面，如图 29-2 所示。整体式机体加工量少，零件少，但装配比较麻烦。

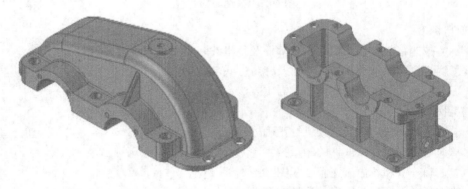

图 29-2 上、下箱体

三、装配技术要求

（1）零件和组件必须正确安装在规定位置，不得装入图样未规定的垫圈、衬套等零件。

（2）固定连接件必须保证连接的牢固性。

（3）旋转机构转动应灵活，轴承间隙合适，各密封处不得有漏油现象。

（4）齿轮副的啮合侧隙及接触斑痕必须达到规定的技术要求。

（5）润滑良好，运转平稳，噪声小于规定值。

（6）部件在达到热平稳时，润滑油和轴承的温度不能超过规定的要求。

I 级直齿圆柱齿轮减速箱装配图如图 29-3 所示。

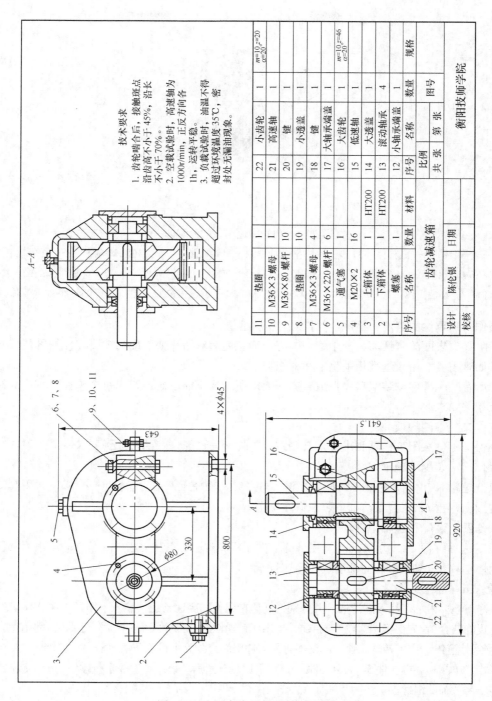

序号	名称	数量	材料	序号	名称	数量	图号	规格
11	垫圈	1		22	小齿轮	1		$m=10,z=20$ $\alpha=20,z=20$
10	M36×3 螺母	1		21	高速轴	1		
9	M36×80 螺杆	10		20	键	1		
8	垫圈	10		19	小透盖	1		
7	M36×3 螺母	4		18	键	1		
6	M36×220 螺杆	6		17	大轴承端盖	1		
5	通气塞	1		16	大齿轮	1		$m=10,z=46$ $\alpha=20,z=20$
4	M20×2	16		15	低速轴	1		
3	上箱体	1	HT200	14	大透盖	1		
2	下箱体	1	HT200	13	滚动轴承	4		
1	螺塞	1		12	小轴承端盖	1		

齿轮减速箱			衡阳技师学院		
设计	陈伦银	日期		比例	图号
校核				共 张 第 张	

技术要求

1. 齿轮啮合后，接触斑点沿齿高不小于45%，沿齿长不小于70%。
2. 空载试验时，高速轴为1000r/min，运转平稳，正反方向各1h。
3. 负载试验时，油温不得超过环境温度35℃，密封处无漏油现象。

图 29-3　Ⅰ级直齿圆柱齿轮减速箱

项目实施

　　齿轮减速箱的装配程序如图 29-4 所示。分析零件的装配顺序和装配关系，确定装配方法与步骤，先进行组件装配。

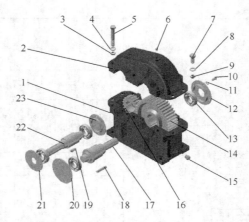

图 29-4　齿轮减速箱装配分解图

1—下箱体；2—上箱体；3、9—螺母；4、8、11—开口垫圈；5—M36×220 螺杆；6—通气塞；
7—M36×80 螺栓；10—M20 螺杆；12—大透盖；13—滚动轴承；14—大齿轮；15—放油螺塞；16—小齿轮；
17—输入轴；18、19—平键；20—大轴承端盖；21—小透盖；22—输出轴；23—小轴承端盖

操作一　零件的清洗、检测、整形和补充加工

清除零件表面的防锈油、灰尘、切屑等。清洗完后对所需要装配的重要零件的重要尺寸进行检测，如有需要，还应进行相关整形和补充加工。

把所有装配零件按装配顺序摆放整齐，要求所示同学能准确地说出每个零件的名称、材料、作用及相关要求。

操作二　零件的预装

为保证零件装配工作顺利进行，某些配合零件应先试配，待配合达到要求后再拆下。

操作三　装配低速轴组件

以低速轴（件 17）为基准，配装平键（件 18）。轻轻压入主动齿轮（件 14），再用套筒压在轴承内圈上，把 6315 型滚动轴承装在低速轴上。

操作四　装配高速轴组件

以高速轴（件 22）为基准，配装平键（件 19）。轻轻压入从动齿轮（件 16），再用套筒压在轴承内圈上，把 6315 型滚动轴承装在高速轴上。

操作五　总装

擦净下箱体内部，注入润滑油，并分别把低速轴组件和高速轴组件装入下箱体（件 1），使主、从动齿轮正确啮合（首先保证两齿轮径向共面，再用压铅丝法检测齿侧间隙，用涂红丹粉法检验接触精度）。

再合上箱体：用手转动高速轴，观察有无零件干涉，并涂上机油防锈。盖上上箱体（件 2），装上六组螺栓、垫圈和螺母（件 5、件 4、件 3），用手逐一拧紧后，再用套筒扳手按顺序、分多次拧紧。按同样的工艺装上四组螺栓、垫圈和螺母（件 7、件 8、件 9），要注意扭力标准。

操作六　装配盖板并调整游隙和附件

分别在高速轴和低速轴两端装上盖板组件（件 10、件 11、件 12、件 20、件 21、件 23），按螺钉装配要求和扭力标准进行操作。拧入放油孔螺塞（件 15），拧入通气塞（件 6）。

操作七　清点验收

用棉纱擦净减速箱外部，清点已擦净的工具，上交教师验收。

项目测评

齿轮减速箱装配评分标准如表 29-1 所示。

表 29-1 齿轮减速箱装配评分标准

班级：_____ 姓名：_____ 学号：_____ 成绩：_____

序号	技术要求	配分	评分标准	交检记录	得分
1	装配图的识读	10	讲述		
2	零、部件的清理和清洗	10	目测		
3	输入轴组件的装配	20	目测		
4	输出轴组件的装配	20	目测		
5	啮合间隙的检测	10	测量		
6	各螺母、螺钉预紧力的检测	10	测量		
7	齿轮减速箱的外观检测	5	目测		
8	装配工具的合理选用	5	目测		
9	安全文明生产	10	违者不得分		

知识链接

卧式车床的 I 级保养

为了保证车床的精度和延长使用寿命，当车床运转 500h 后，要进行 I 级保养，主要是清洗、润滑和进行必要的调整。保养工作以操作工为主，维修工配合进行。

保养时，必须先切断电源，然后进行工作，具体保养内容和要求如下所述

1. 外保养

（1）清洗机床外表及各罩盖，保持内、外清洁，无锈蚀，无油污。

（2）清洗长丝杆、光杆和操作杆。

（3）检查并补齐螺钉、手柄球、手柄。

2. 主轴箱

（1）清洗过滤器，使其无杂物。

（2）检查主轴上螺母有无松动，紧定螺钉是否锁紧。

（3）调整摩擦片间隙及制动器。

3. 滑板及刀架

（1）清洗刀架，调整横、小滑板镶条间隙。

（2）清洗、调整横、小滑板丝杆螺母间隙。

4. 交换齿轮箱

（1）清洗齿轮、轴套并注入新油脂。

（2）调整齿轮啮合间隙。

（3）检查轴套有无晃动现象。

5. 尾座

清洗尾座，保持内、外清洁。

6. 润滑

（1）清洗冷却泵、过滤器、盛液盘。

（2）保证油路畅通，油孔、油绳、油毡清洁无铁屑。

（3）检查油质，要求油杯齐全，油窗明亮。

7. 电器

（1）清扫电动机、电器箱。

（2）电器装置固定整齐。

习题与思考

1．通用机床的型号有哪些内容构成？

2．说明下列机床型号的含义：

                CM6132   Z3040   Z4012   CK6140

3．有一车床导轨长 2000mm，水平仪垫铁长为 250mm，读数精度为 0.02/1000。分 8 次测量，读数依次为：+1，+1，+1，+0.5，+0.5，-1，0，-1。求：

（1）画出导轨在铅垂平面内的直线度曲线图；

（2）求出导轨全长内直线度误差；

（3）计算导轨每米内直线度误差值。

项目三十　钳工基础训练

任务一　工字镶配

项目任务

试加工如图 30-1 所示的工字镶配合件零件图，其实物图如图 30-2 所示。工字镶配合件评分标准如表 30-1 所示。

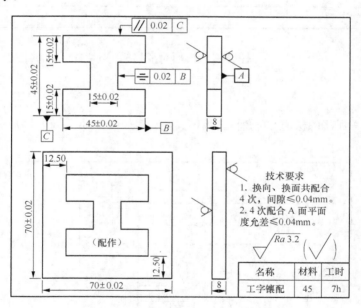

技术要求
1. 换向、换面共配合 4 次，间隙≤0.04mm。
2. 4 次配合 A 面平面度允差≤0.04mm。

名称	材料	工时
工字镶配	45	7h

图 30-1　工字镶配合件零件图

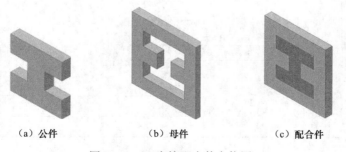

（a）公件　　　　　（b）母件　　　　　（c）配合件

图 30-2　工字镶配合件实物图

项目测评

表 30-1　　　　　　　　　　　　　工字镶配合件评分标准

班级：_____　姓名：_____　学号：_____　成绩：_____

序号	技术要求	配分	评分标准	自检记录	交检记录	得分
1	（70±0.02）mm（两处）	5×2	超差一处扣 5 分			
2	（45±0.02）mm（两处）	5×2	超差一处扣 5 分			
3	（15±0.02）mm（五处）	4×5	超差一处扣 4 分			
4	$\boxed{= \mid 0.02 \mid B}$	3	超差不得分			
5	配合间隙≤0.04（四十八处）	48×0.5	超差一处扣 0.5 分			
6	$\boxed{/\!/ \mid 0.02 \mid C}$	3	超差不得分			
7	平面度≤0.04mm	4	超差不得分			
8	Ra≤3.2μm（十六处）	16×1	超差一处扣 1 分			
9	安全文明生产	10	违者不得分			

任务二　梯形对配样板

项目任务

试加工图 30-3 所示的梯形对称角度样板，其实物图如图 30-4 所示。梯形对称角度样板评分标准如表 30-2 所示。

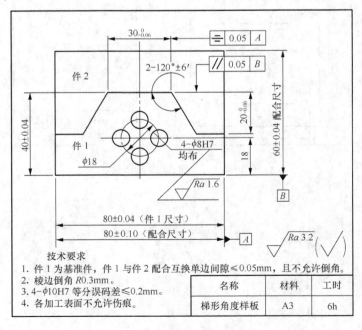

图 30-3　梯形对称角度样板零件图

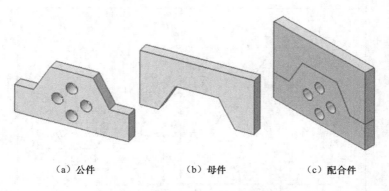

（a）公件　　　　　　　　（b）母件　　　　　　（c）配合件

图 30-4　梯形对称角度配合件实物图

项目测评

表 30-2　　　　　　　　　　梯形对称角度样板配合件评分标准

班级：_____　姓名：_____　学号：_____　成绩：_____

序号	技术要求	配分	评分标准	自检记录	交检记录	得分
1	（80±0.04）mm（两处）	5×2	超差一处扣 5 分			
2	（80±0.10）mm	5	超差不得分			
3	（40±0.04）mm	5	超差不得分			
4	（60±0.04）mm	5	超差不得分			
5	18mm	3	超差不得分			
6	$20_{-0.06}^{0}$ mm	5	超差不得分			
7	$30_{-0.06}^{0}$ mm	5	超差不得分			
8	ϕ8h7	3×4	超差一处扣 3 分			
9	120°±6′	5×2	超差一处扣 5 分			
10	⬚ 0.05 A	5	超差不得分			
11	∥ 0.05 B	5	超差不得分			
12	Ra≤1.6μm（四处）	4×1.5	超差一处扣 1.5 分			
13	Ra≤3.2μm	10	超差一处扣 1 分			
14	安全文明生产	10	违者不得分			

任务三　锉配六方体

项目任务

　　试加工图 30-5 所示的六方体配合件零件图，其实物图如图 30-6 所示。锉配六方体评分标准如表 30-3 所示。

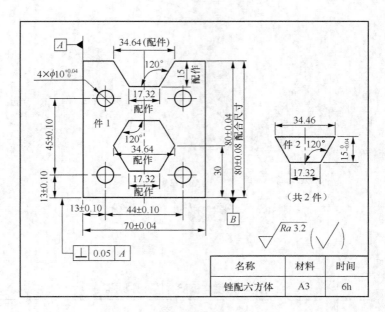

图 30-5 六方体配合件零件图

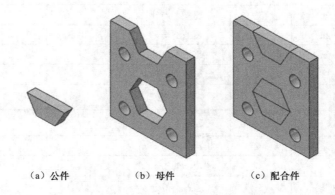

（a）公件　　　　（b）母件　　　　（c）配合件

图 30-6 六方体配合件实物图

项目测评

表 30-3　　　　　　　　　六方体配合件评分标准

班级：＿＿＿＿　姓名：＿＿＿＿　学号：＿＿＿＿　成绩：＿＿＿＿

序号	技术要求	配分	评分标准	自检记录	交检记录	得分
1	（70±0.04）mm	5	超差不得分			
2	（80±0.04）mm	5	超差不得分			
3	（80±0.08）mm	5	超差不得分			
4	30	3	超差不得分			
5	15	3	超差不得分			

续表

序号	技术要求	配分	评分标准	自检记录	交检记录	得分
6	34.64（两处）	5×2	超差一处扣5分			
7	17.32	5	超差不得分			
8	（44±0.10）mm	4	超差不得分			
9	（13±0.10）mm（两处）	4×2	超差一处扣4分			
10	（45±0.10）mm	4	超差不得分			
11	120°（十处）	2×10	超差一处扣2分			
12	配合间隙≤0.04mm	10	超差不得分			
13	⊥ 0.05 A	2	超差不得分			
14	Ra≤3.2μm（十六处）	10	超差一处扣1分			
15	安全文明生产	6	违者不得分			

任务四　拼角凹凸圆弧配

项目任务

试加工图 30-7 所示的拼角凹凸圆弧配零件图，其实物图如图 30-8 所示，其评分标准如表 30-4 所示。

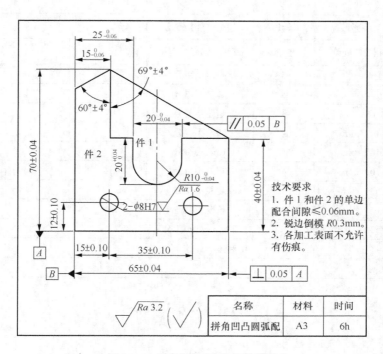

图 30-7　拼角凹凸圆弧配零件图

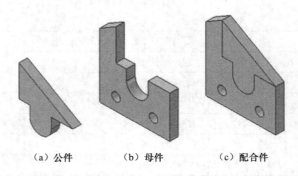

（a）公件　　　（b）母件　　　（c）配合件

图 30-8　拼角凹凸圆弧配实物图

项目测评

表 30-4　　　　　　　　　　　　　　拼角凹凸圆弧配评分标准

班级：_____　姓名：_____　学号：_____　成绩：_____

序号	技术要求	配分	评分标准	自检记录	交检记录	得分
1	（70±0.04）mm	5	超差不得分			
2	（65±0.04）mm	5	超差不得分			
3	（40±0.04）mm	5	超差不得分			
4	$15_{-0.06}^{0}$ mm	5	超差不得分			
5	$25_{-0.06}^{0}$ mm	5	超差不得分			
6	$20_{-0.04}^{0}$ mm（两处）	5×2	超差一处扣 5 分			
7	$R10_{-0.04}^{0}$ mm（两处）	5×2	超差一处扣 5 分			
8	60°±4′	5	超差不得分			
9	59°±4′	5	超差不得分			
10	ϕ8H7	3	超差不得分			
11	（35±0.10）mm	4	超差不得分			
12	（15±0.10）mm	4	超差不得分			
13	（12±0.10）mm	4	超差不得分			
14	⊥ 0.05 A	3	超差不得分			
15	// 0.05 B	3	超差不得分			
16	配合间隙≤0.06mm	9	超差一处扣 1 分			
17	Ra≤3.2μm	5	超差一处扣 1 分			
18	安全文明生产	10	违者不得分			

任务五　双方块嵌配

项目任务

试加工图 30-9 所示的零件图，其实物图如图 30-10 所示，其评分标准如表 30-5 所示。

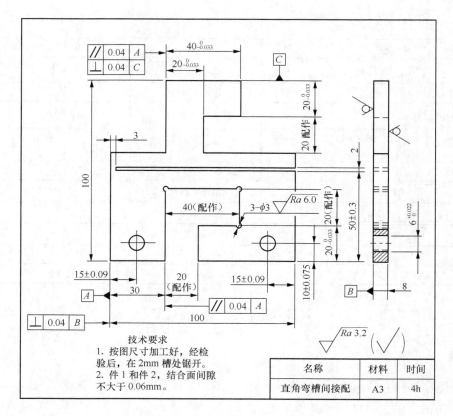

图 30-9　直角弯槽间接配零件图

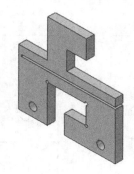

图 30-10　直角弯槽间接配实物图

项目测评

表 30-5　　　　　　　　　　　直角弯槽间接配评分标准

班级：_____　姓名：_____　学号：_____　成绩：_____

序号	技术要求	配分	评分标准	自检记录	交检记录	得分
1	$20_{-0.033}^{0}$ mm（三处）	5×3	超差一处扣5分			
2	$40_{-0.033}^{0}$ mm	5	超差不得分			

续表

序号	技术要求	配分	评分标准	自检记录	交检记录	得分
3	$30_{-0.033}^{0}$ mm	5	超差不得分			
4	（50±0.30）mm	5	超差不得分			
5	$\phi 8_{0}^{+0.022}$ mm（两处）	6	超差一处扣 3 分			
6	（10±0.075）mm、（15±0.09）mm（两处）	4	超差一处扣 2 分			
7	$Ra \leqslant 1.6\mu m$（十八处）	18×0.5	超差一处扣 0.5 分			
8	// 0.04 A	4	超差不得分			
9	⊥ 0.04 A B C	6	超差不得分			
10	▱ 0.03	2	超差不得分			
11	技术要求 2	33	超差 0.01 扣 6 分			
12	安全文明生产		违反有关规定，酌情扣总分 1～50 分			

任务六 三角、菱形变位配

项目任务

试加工图 30-11 所示的三角、菱形变位配装配图，其零件图如图 30-12 所示，其实物图如图 30-13 所示，其评分标准如表 30-6 所示。

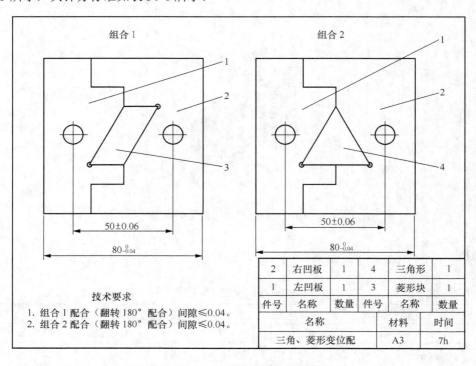

图 30-11 三角、菱形变位配装配图

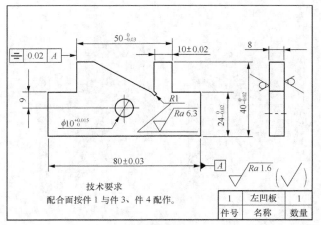

技术要求
配合面按件1与件3、件4配作。

1	左凹板	1
件号	名称	数量

（a）左凹板

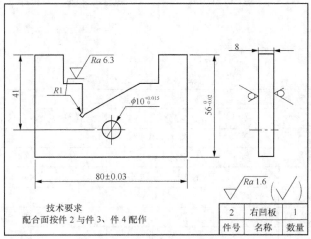

技术要求
配合面按件2与件3、件4配作

2	右凹板	1
件号	名称	数量

（b）右凹板

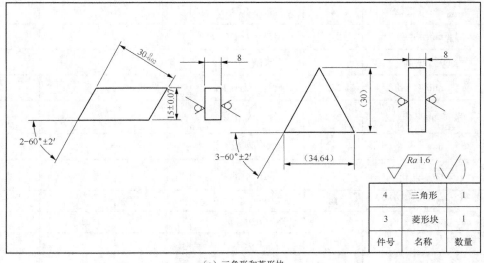

4	三角形	1
3	菱形块	1
件号	名称	数量

（c）三角形和菱形块

图30-12　三角、菱形变位配零件图

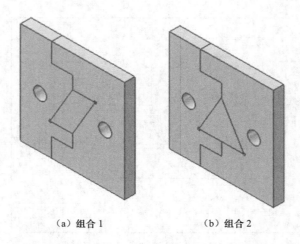

（a）组合1　　　　　　　（b）组合2

图 30-13　三角、菱形变位配实物图

项目测评

表 30-6　　　　　　　　　　　　　　三角、菱形变位配评分标准

班级：_____　　姓名：_____　　学号：_____　　成绩：_____

序号	技术要求	配分	评分标准	自检记录	交检记录	得分
1	60°±2′（五处）	3×5	超差 1′ 扣 5 分			
2	（15±0.07）mm	2	超差不得分			
3	（80±0.03）mm（两处）	2×2	超差一处扣 2 分			
4	（10±0.02）mm	3	超差不得分			
5	（50±0.06）mm（两处）	4×2	超差一处扣 2 分			
6	$30_{-0.02}^{0}$ mm	4	超差不得分			
7	$24_{-0.02}^{0}$ mm（两处）	4	超差不得分			
8	$40_{-0.02}^{0}$ mm（两处）	2×2	超差一处扣 2 分			
9	$50_{-0.03}^{0}$ mm	2	超差不得分			
10	$56_{-0.02}^{0}$ mm（两处）	2×2	超差一处扣 2 分			
11	$\phi10_{0}^{+0.015}$ mm（两处）	2×2	超差一处扣 2 分			
12	$80_{-0.04}^{0}$ mm（两处）	5×2	超差一处扣 5 分			
13	⫪ 0.02 A	4	超差不得分			
14	Ra≤1.6μm（三十一处）	10	Ra 值大 1 级扣 0.3 分			
15	技术要求 1	12	超差 0.01 扣 2 分			
16	技术要求 2	11	超差 0.01 扣 2 分			
17	安全文明生产		违反有关规定，酌情扣总分 1～50 分			

任务七 组合三角

项目任务

试加工图 30-14 所示的组合三角零件图，其实物图如图 30-15 所示，其评分标准如表 30-7 所示。

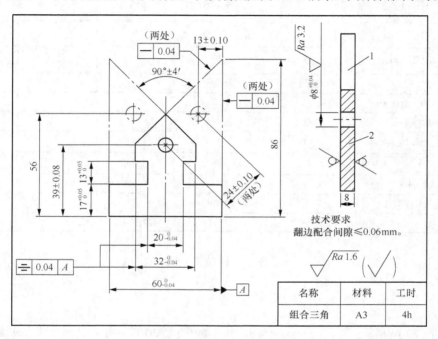

图 30-14 组合三角零件图

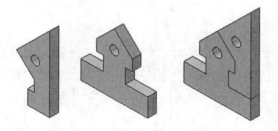

图 30-15 组合三角实物图

项目测评

表 30-7 　　　　　　　　　　　组合三角评分标准

班级：＿＿＿＿　姓名：＿＿＿＿　学号：＿＿＿＿　成绩：＿＿＿＿

序号	技术要求	配分	评分标准	自检记录	交检记录	得分
1	$90° \pm 4'$	14	超差 1' 扣 3			
2	$20_{-0.033}^{0}$ mm	3	超差不得分			

序号	技术要求	配分	评分标准	自检记录	交检记录	得分
3	$32_{-0.025}^{0}$ mm	3	超差不得分			
4	$60_{-0.03}^{0}$ mm	3	超差不得分			
5	$13_{0}^{+0.043}$ mm	3	超差不得分			
6	$17_{-0.043}^{0}$ mm	3	超差不得分			
7	$\phi 8_{0}^{+0.036}$ mm	3×2	超差一处扣3分			
8	（39±0.08）mm	2	违者不得分			
9	（13±0.10）mm	2	违者不得分			
10	（24±0.10）mm（两处）	2×2	超差一处扣2分			
11	▭ 0.04 （两处）	4×4	超差一处扣4分			
12	▱ 0.04 A	6	超差不得分			
13	$Ra≤3.2μm$（二十处）	20×0.5	超差一处扣0.5分			
14	技术要求	23	超差0.01扣2分			
15	安全文明生产		违反有关规定，酌情扣总分1～50分			

任务八　转位六边形

项目任务

试加如图30-16所示的转位六边形零件图，其实物图如图30-17所示，其评分标准如表30-8所示。

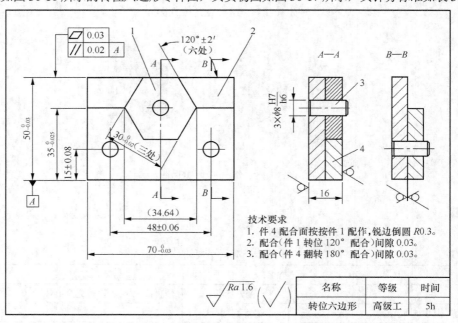

图30-16　转位边边形零件图

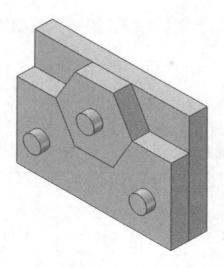

图 30-17 转位六边形实物图

项目测评

表 30-8　　　　　　　　　　　　转位六边形评分标准

班级：_____　姓名：_____　学号：_____　成绩：_____

序号	技术要求	配分	评分标准	自检记录	交检记录	得分
1	120°±4′（六处）	24	超差1′扣3			
2	(48±0.06) mm	2	超差不得分			
3	(15±0.08) mm（两处）	2×2	超差一处扣2分			
4	34.64（IT12）（三处）	1×1	超差一处扣1分			
5	$30_{-0.02}^{0}$ mm（三处）	2×3	超差一处扣2分			
6	$35_{-0.025}^{0}$ mm（两处）	2×2	超差一处扣2分			
7	$50_{-0.03}^{0}$ mm	4	超差不得分			
8	$70_{-0.03}^{0}$ mm	4	超差不得分			
9	$\phi 8_{0}^{+0.015}$ mm	6	超差不得分			
10	▱ // 0.02 A	4	超差不得分			
11	▱ 0.03	2	超差不得分			
12	技术要求2	15	超差0.01扣3分			
13	技术要求3	12	超差0.01扣4分			
14	Ra≤1.6μm（21处）	10	超差一处扣0.3分			
15	安全文明生产		违反有关规定，酌情扣总分1～50分			

项目三十一　钳工技能训练——典型零件的加工

任务一　鸭嘴锤制作

项目任务

鸭嘴锤的制作是钳工典型零件制作之一，其操作涉及划线、钻孔、锉削、孔型对称度的控制，光滑圆弧连接的加工。其零件图如图 31-1 所示。

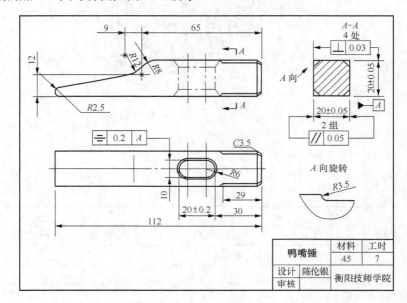

图 31-1　鸭嘴锤

【技能目标】

（1）掌握锉腰形孔及内外圆弧面连接的方法，要求连接圆滑、位置及尺寸正确。

（2）提高锉削技能，达到纹理齐整、表面光洁。

（3）通过本项目的训练，能制造简单手工工具。

相关工艺知识

平面与曲面连接时，一般情况下，应先加工平面，后加工曲面，这样能使曲面与平面的连接比较圆滑。平面与内圆弧面连接时，如果先加工曲面后加工平面，则在加工平面时，由于锉刀侧面无依靠而容易产生左右移动，损伤已加工的曲面，此外连接处也不易锉得圆滑；平面与外圆弧面连接时，如果先加工曲面后加工平面，则圆弧不能与平面很好地相切。

项目实施

操作一　检查来料尺寸。

操作二　将毛坯锉成边长为 20mm×20mm 的长方体。

操作三　以一长面为基准锉其中一端面，达到基本垂直，表面粗糙度 $Ra \leqslant 3.2\mu m$。

操作四　以一长面及端面为基准，按图样要求划出形体加工线（两面同时划出）并按图样尺寸划出 4×C3.5mm 倒角加工线。

操作五　锉 4×C3.5mm 倒角达到要求。方法是先用圆锉粗锉出 R3.5mm 圆弧，然后分别用粗、细平锉锉倒角，再用圆锉细加工 R3.5mm 圆弧，最后用推锉法修整，并用砂布打光。

操作六　按图划出腰形孔加工线及钻孔检查线，并用 ϕ9.7mm 钻头钻孔。

操作七　用圆锉锉通两孔后再用圆锉、150mm 平锉按图样要求锉好腰形孔。

操作八　按划线在 R12mm 处钻 ϕ5mm 孔，然后用手锯按加工线锯去多余部分，为保证加工质量，此处要留有足够的锉削余量。

操作九　用半圆锉按线粗锉 R12mm 内圆弧面，用平锉粗锉斜面与 R8mm 圆弧面至划线线条，然后用细平锉细锉斜面，用半圆弧锉细锉 R12mm 内圆弧面，再细平锉细锉 R8mm 外圆弧面，最后用细平锉及半圆锉使用推锉方法进行修整，达到各型面连接圆滑、光洁、纹理齐整。

操作十　锉 R2.5mm 圆头，并保证工件总长 112mm。

操作十一　八角端部棱边倒角 C3.5mm。

操作十二　用砂布将各加工面全部打光，交件等验。

操作十三　等工件检验后，再将腰形孔各面倒出 1mm 弧形喇叭口，20mm 端面锉成略凸弧面，然后将工件两端热处理淬硬。

项目测评

鸭嘴锤评分标准如表 31-1 所示。

表 31-1　　　　　　　　　　　　　　鸭嘴锤评分标准

班级：_____　姓名：_____　学号：_____　成绩：_____

序号	技术要求	配分	评分标准	自检记录	交检记录	得分
1	（20±0.05）mm（两处）	20	超差不得分			
2	// 0.05 A（两处）	12	超差不得分			
3	⊥ 0.03 A（四处）	12	超差不得分			
4	C5mm	8	超差不得分			
5	（20±0.20）mm	10	超差不得分			
6	10mm、R6mm、30mm	2×3	超差不得分			
7	$Ra \leqslant 3.2\mu m$	10	升高一级不得分			

续表

序号	技术要求	配分	评分标准	自检记录	交检记录	得分
8	29mm、112mm、65mm、9mm、12mm、$R8mm$、$R25mm$	1×7	超差不得分			
9	表面光整，美观	5	目测酌情扣分			
10	安全文明生产	10	违者酌情扣分			

知识链接

鸭嘴锤的划线是一种比较典型的立体划线，其划线步骤如下。

（1）熟悉图样，详细分析工件上需要划线的部位；明确工件及其有关划线部分的作用和要求；了解有关的加工工艺。

（2）选定划线基准。

（3）根据图样，检查毛坯工件是否符合要求。

（4）清理工件后，涂色。

（5）恰当地选用工具和正确安放工件。

（6）划线。

（7）对图形、尺寸复检核对，详细检查划线的准确性以及是否有线条漏划。

（8）在线条上及孔中心打上必要的冲眼。

任务二　90°刀口形角尺的制作

项目任务

试加工图 31-2 所示的刀口形角尺零件，其实物图如图 31-3 所示，其评分标准如表 31-2 所示。

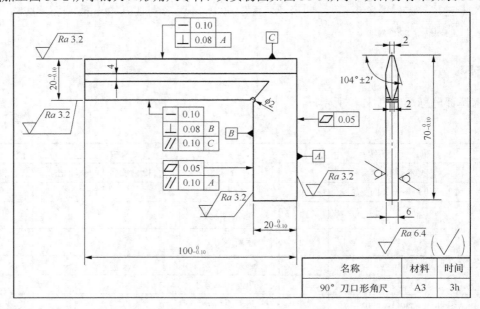

图 31-2　刀口形角尺零件图

图 31-3　刀口形角尺实物图

项目测评

表 31-2　　　　　　　　　　　　刀口形角尺评分标准

班级：_____　姓名：_____　学号：_____　成绩：_____

序号	技术要求	配分	评分标准	自检记录	交检记录	得分
1	$20_{-0.10}^{0}$ mm（两处）	4×2	超差一处扣 4 分			
2	$100_{-0.10}^{0}$ mm	4	超差不得分			
3	$70_{-0.10}^{0}$ mm	4	超差不得分			
4	⟋ 0.1	7	超差不得分			
5	⊥ 0.08 A	7	超差不得分			
6	∥ 0.1 A	4	超差不得分			
7	⟋ 0.05 （两处）	4×2	超差一处扣 2 分			
8	⊥ 0.08 B	7	超差不得分			
9	104°±2′（四处）	5×4	超差一处扣 4 分			
10	2（两处）	5×2	超差一处扣 2 分			
11	$Ra \leqslant 3.2 \mu m$	11	超差一处扣 1 分			
12	安全文明生产	10	违者不得分			

任务三　对开夹板的制作

项目任务

　　试加工对开夹板，其零件图如图 31-4 所示，其实物图如图 31-5 所示，其评分标准如表 31-3 所示。

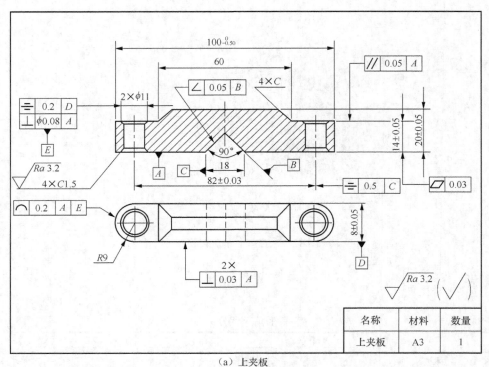

（a）上夹板

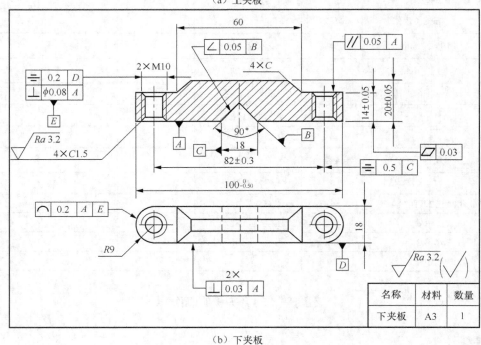

（b）下夹板

图 31-4　对开夹板零件图

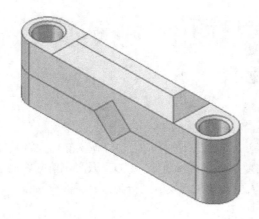

图 31-5　对开夹板实物图

项目测评

表 31-3　　　　　　　　　　　对开夹板评分标准

班级：_____　姓名：_____　学号：_____　成绩：_____

序号	技术要求	配分	评分标准	自检记录	交检记录	得分
1	（20±0.05）mm（两处）	3×2	超差一处扣 3 分			
2	（18±0.05）mm（两处）	3×2	超差一处扣 3 分			
3	（14±0.05）mm（两处）	3×2	超差一处扣 3 分			
4	（82±0.30）mm（两处）	8×2	超差一处扣 8 分			
5	∥ 0.05 A （两处）	2×2	超差一处扣 2 分			
6	═ 0.5 C （两处）	3×2	超差一处扣 3 分			
7	═ 0.2 D （两处）	3×2	超差一处扣 3 分			
8	∠ 0.05 B （两处）	3×2	超差一处扣 3 分			
9	▱ 0.03 （两处）	6×2	超差一处扣 6 分			
10	⊥ ϕ0.08 A （四处）	3×4	超差一处扣 3 分			
11	⌒ 0.2 A E （四处）	3×4	超差一处扣 3 分			
12	⊥ 0.03 A （两处）	3×2	超差一处扣 3 分			
13	倒角均匀，各棱线清晰		每一棱边不合格扣 1 分			
14	Ra≤3.2μm		超差一处扣 1 分			
15	安全文明生产		违者每次扣 5 分			

项目三十二　模拟试题

应知模拟试题一（五级）

一、单项选择题（70 分）

1. 如下关于诚实守信的认识和判断中，正确的选项是（　　）。
    A. 诚实守信与经济发展相矛盾　　　B. 诚实守信要视具体对象而定
    C. 是否诚实守信要视具体对象而定　D. 诚实守信应以追求利益最大化为准则

2. Super（萨珀）将人生职业生涯发展划分为（　　）个阶段。
    A. 四　　　　　　　B. 五　　　　　　C. 六　　　　　　D. 三

3. （　　）就是要求把自己职业范围内的工作做好。
    A. 爱岗敬业　　　　B. 奉献社会　　　C. 办事公道　　　D. 忠于职守

4. 关于转换开关叙述不正确的是（　　）。
    A. 组合开关结构较为紧凑
    B. 组合开关常用于机床控制线路中
    C. 倒顺开关多用于大容量电机控制线路中
    D. 倒顺开关手柄只能在 90°范围内旋转

5. 接触器分类为（　　）。
    A. 交流接触器和直流接触器　　　　B. 控制接触器和保护接触器
    C. 主接触器和辅助接触器　　　　　D. 电压接触器和电流接触器

6. 正确的触电救护措施是（　　）。
    A. 迅速切断电源　　　　　　　　　B. 合理选择照明电压
    C. 合理选择导线和熔丝　　　　　　D. 移动电器无须接地保护

7. 珠光体是（　　）组织。
    A. 单相　　　　　　B. 金属化合物　　C. 多相　　　　　D. 混合物

8. 属于合金调制钢的是（　　）。
    A. 20CrMnTi　　　　B. Q345　　　　　C. 35CrMo　　　　D. 60Si2Mn

9. 正火的目的之一是（　　）。
    A. 形成网状渗碳体　B. 提高钢的密度　C. 提高钢的熔点　D. 消除网状渗碳体

10. 低温回火主要适用于（　　）。
    A. 各种刃具　　　　B. 各种弹簧　　　C. 各种轴　　　　D. 高强度螺栓

11. 不属于链传动类型的有（　　）。
    A. 传动链　　　　　B. 运动链　　　　C. 起重链　　　　D. 牵引链

12. 渐开线圆柱齿轮分度圆上的压力角（　　）。
    A. 指基准齿条的法向齿形角，且为 20°　B. 大小对齿形没有影响
    C. 大小对传动没有影响　　　　　　　　D. 大小对齿形有影响，但对传动没有影响

13. 凸轮机构的基本参数有基圆半径、压力角和（　　）。
    A. 轮廓曲线　　　　B. 滚子半径　　　C. 转角　　　　　D. 凸轮的外形尺寸

14．比例是指图样中图形与其实物（　　）的线性尺寸之比。

A．不同要素　　　B．相应要素　　　C．主要要素　　　D．基本要素

15．必要时，允许将斜视图（　　），并加注旋转符号。

A．平行配置　　　B．旋转配置　　　C．垂直配置　　　D．水平配置

16．装配图中，非配合的两相邻表面画（　　）。

A．一条线　　　B．两条线　　　C．一粗线一细线　　　D．具体分析

17．零件图上通常选用（　　）作为尺寸基准。

A．零件的对称平面　　　　　　　B．回转体的中心轴线

C．与其他零件相接触的表面　　　D．以上都有可能

18．ϕ50F7/h6 采用的是（　　）。

A．一定是基孔制　　　　　　　　B．一定是基轴制

C．可能是基孔制或基轴制　　　　D．混合制

19．直线度、平面度、圆度、圆柱度属于（　　）。

A．形状公差　　　B．位置公差　　　C．定向公差　　　D．定位公差

20．常用高速钢的牌号有（　　）。

A．T7　　　B．W6Mo5Cr4V2　　　C．15Cr　　　D．45

21．工件（　　），车刀沿进给方向移动的距离叫进给量。

A．每转 1mm　　　B．每转 1r　　　C．每转 1min　　　D．每转 1s

22．铣削加工不能够完成的加工是（　　）。

A．V 形槽　　　B．台阶　　　C．成型面　　　D．螺纹

23．工序的定义规定（　　）。

A．加工对象、工作地、加工者均可以改变

B．加工对象不能改变，工作地可以改变

C．加工者、加工对象可以改变

D．加工者、加工对象、工作地均不能改变

24．一般来说，碳钢和低合金钢锻件冷却速度和高合金钢锻件相比应该（　　）。

A．相同　　　B．稍慢一些　　　C．快慢都可以　　　D．稍快一些

25．磨削加工中，磨软材料时应用（　　）的砂轮。

A．光滑　　　B．粗糙　　　C．较硬　　　D．较软

26．錾削硬材料时，楔角应取（　　）。

A．30°～50°　　　B、50°～60°　　　C．60°～70°　　　D．20°～30°

27．在调节锯条松紧时，翼形螺母不宜旋得（　　），否则影响锯削质量。

A．太紧　　　B．太松　　　C．一般　　　D．合适

28．加工零件的特殊表面用（　　）刀。

A．普通锉　　　B．整形锉　　　C．特种锉　　　D．板锉

29．为减小轴向抗力和挤刮现象，提高钻头的定心作用和切削稳定性，可将标准麻花钻的横刃修磨为原来的（　　）。

A．1/2～1/3　　　B．1/3～1/4　　　C．1/3～1/5　　　D．1/5～1/7

30．铰削少量的非标孔，应使用（　　）铰刀。

A. 整体圆柱铰刀   B. 螺旋槽手用铰刀

C. 可调节的手用铰刀   D. 机用铰刀

31. 用板牙在钢件上套螺纹时，材料因受挤压而变形，牙顶会（   ）。

     A. 降低   B. 不变   C. 变高   D. 变高或降低

32. 减速器可以划分为锥齿轮（   ）、蜗轮轴、联轴器、三个轴承盖及箱盖七个组件。

     A. 轴颈   B. 蜗杆   C. 轴套   D. 蜗轮

33. 弹簧垫圈用弹性较好的材料 65Mn 制成，开有 70°～80° 的斜口，并在斜口处上下（   ）。

     A. 平行   B. 倾斜   C. 拔开   D. 垂直

34. 装配楔键时，要用涂色法检查楔键（   ）表面与轴槽 2 的接触情况。

     A. 上下   B. 左右   C. 两侧   D. 四个

35. 圆柱销的装配，对销孔尺寸、形状及表面粗糙度要求（   ），所以销孔在装配前必须铰削。

     A. 较低   B. 较高   C. 一般   D. 不要求

36. 销连接的主要作用除定位连接外，还可以作为（   ）装置的过载剪断元件。

     A. 机械   B. 安全   C. 保险   D. 测量

37. 较长的管道各段应有支撑，管道要用管夹牢固固定，以免（   ）。

     A. 振动   B. 倾斜   C. 平行   D. 垂直

38. 带轮张紧力的调整方法是靠（   ）两带轮的中心距或用张紧轮张紧。

     A. 固定   B. 改变   C. 加大   D. 缩小

39. 套筒滚子链的接头形式有开口销固定活动销轴、弹簧卡片固定活动销轴，这两种都在链条节数为（   ）时使用。

     A. 偶数   B. 奇数   C. 负数   D. 正数

40. 链轮两轴线必须平行，否则会加剧链条和链轮的（   ），降低传动平稳性并增加噪声。

     A. 负载   B. 磨损   C. 振动   D. 崩齿

41. 要保证齿轮装配后有准确的安装中心距和（   ）。

     A. 齿侧间隙   B. 轴向定位   C. 良好接触位置   D. 足够接触面积

42. 装配时，小锥齿轮的轴向位置按安装距离确定，大齿轮按（   ）确定轴向位置。

     A. 侧隙   B. 接触斑点   C. 斑点位置   D. 人工检验

43. 按装配技术要求，蜗杆蜗轮间（   ）要准确，有适当的侧隙及有正确的接触斑点。

     A. 中心距   B. 传动比   C. 相对位置   D. 传动

44. 凸缘式联轴器装配要求主要有：一是两轴（   ）要求严格；二是保证各连接件连接可靠，受力均匀，不允许自动松脱。

     A. 平行度   B. 相交程度   C. 同轴度   D. 垂直度

45. 牙嵌式离合器结合子齿形啮合间隙尽量（   ）以防旋转时产生冲击。

     A. 大些   B. 小些   C. 均匀些   D. 消除

46. 滚动轴承轴承内圈与（   ）的配合应为基孔制。

     A. 过渡   B. 间隙   C. 孔   D. 轴

47. 装配时应检查滚动轴承型号与图样是否一致，并（   ）轴承。

     A. 刮削   B. 研磨   C. 锉配   D. 清洗

48. 调整滚动轴承游隙的方法常用的有调整垫片法和（　　）。

    A. 螺钉调整法　　　B. 螺母调整法　　　C. 圆锥调整法　　　D. 圆柱调整法

49. 产品的装配工艺包括（　　）个过程。

    A. 1　　　　　　　　B. 2　　　　　　　　C. 3　　　　　　　　D. 4

50. 装配的准备工作有确定装配方法、顺序和准备所需要的（　　）。

    A. 量具　　　　　　B. 工具　　　　　　C. 刀具　　　　　　D. 夹具

51. 测量精度为（　　）mm 的游标卡尺，当两测量爪并拢时，尺身上 19mm 对正游标上的 20 格。

    A. 0.01　　　　　　B. 0.02　　　　　　C. 0.04　　　　　　D. 0.05

52. 千分尺测微螺杆的移动量一般为（　　）mm。

    A. 20　　　　　　　B. 25　　　　　　　C. 30　　　　　　　D. 35

53. 用百分表测圆柱时，测量杆应对准（　　）。

    A. 圆柱轴中心　　　B. 圆柱左端面　　　C. 圆柱右端面　　　D. 圆柱最下边

54. 万能角度尺在 50°～140° 范围内，应装（　　）。

    A. 角尺　　　　　　B. 直尺　　　　　　C. 角尺和直尺　　　D. 角尺、直尺和夹块

55. 用 83 块一套的量块，组配量块组时一般不要超过（　　）块。

    A. 3　　　　　　　　B. 4　　　　　　　　C. 5　　　　　　　　D. 6

56. 游标量具中，不能用于测量（　　）。

    A. 长度　　　　　　B. 深度　　　　　　C. 齿轮公法线长度　　D. 高度

57. 框式水平仪不但能够检测平面或直线相对于水平位置的误差，还可以检测沿垂直或直线对水平位置的（　　）误差。

    A. 平行度　　　　　B. 垂直度　　　　　C. 平行或垂直度　　D. 平行和垂直度

58. 机床精度检验时，丝杠的轴向窜动，当 $800 < D_a \leqslant 1250$ 时，允差值为（　　）mm。

    A. 0.01　　　　　　B. 0.02　　　　　　C. 0.03　　　　　　D. 0.04

59. 主轴回转轴线对工作台面垂直度的检查，一般用（　　）测量。

    A. 平直仪　　　　　B. 百分表　　　　　C. 平尺和百分表　　D. 水平仪

60. 工作台部件移动在水平面内直线度的检验方法，一般用平尺和百分表或（　　）检查。

    A. 工具显微镜　　　B. 水平仪　　　　　C. 光学平直仪　　　D. 五棱镜

61. 不属于切削液的是（　　）。

    A. 水溶液　　　　　B. 乳化液　　　　　C. 切削液　　　　　D. 防锈剂

62. 可能引起机械伤害的做法是（　　）。

    A. 正确使用防护设施　　　　　　B. 转动部件停稳前不进行操作

    C. 转动部件上少放物品　　　　　D. 站位得当

63. 企业的质量方针不是（　　）。

    A. 企业的最高管理者正式发布的　　B. 企业的质量宗旨

    C. 企业的质量方向　　　　　　　　D. 市场需求走势

64. 台虎钳的规格是以（　　）来表示的。

    A. 钳口宽度　　　　　　　　　　　B. 钳身外形尺寸

    C. 钳身最大回转角度　　　　　　　D. 钳口深度

65. Z406 表示钻，最大钻孔直径为（　　　）。

  A．12mm   B．60mm   C．6mm   D．10mm

66．（　　　）适用于较大及多孔工件加工。

  A．台式钻床 B．摇臂钻床 C．镗床   D．手电钻

67．立钻电动机（　　　）保养，要按需要拆洗电机，更换 1 号钙基润滑脂。

  A．一级   B．二级   C．三级   D．四级

68．台钻的进给手柄不回位是由于（　　　）造成的。

  A．弹簧   B．手柄   C．升降手柄   D．主轴

69．Z525 立钻的进给箱是属于（　　　）变速机构。

  A．塔齿轮   B．倍增   C．拉键   D．滑移齿轮

70．主轴在进给箱内上下移动时出现轻重现象时的排除方法之一是（　　　）。

  A．更换主轴   B．休整主轴套的齿条与其相啮合的齿轮

  C．更换花键轴   D．更换进给箱

二、判断题（30 分）

1．身心健康素质包括身体素质和心理素质。（　　　）

2．职工在生产中，必须集中精力，严守工作岗位。（　　　）

3．低压断路器不具备过载和失压保护功能。（　　　）

4．电伤是指触电时对人体外部的伤害。（　　　）

5．45 钢按含碳量分属于中碳钢，按质量分是优质钢，按用途分是工具钢。（　　　）

6．合金工具钢牌号前面的一位数字表示该钢平均含碳量的万分数。（　　　）

7．所有热处理的工艺过程都应包括加热、保温和冷却。（　　　）

8．常用硬质合金的牌号有 T8A。（　　　）

9．在传动链中常用的是套筒滚子链。（　　　）

10．按齿轮形状不同可将齿轮传动分为圆柱齿轮传动和圆锥齿轮传动两类。（　　　）

11．螺旋机构传动精度高，易自锁且传递扭矩较大。（　　　）

12．压力角增大时对凸轮机构的工作有利。（　　　）

13．局部视图可以表达机件上没有必要完整画出的结构形状。（　　　）

14．根据剖面图配置的位置不同，可分为移出断面和重合断面两种。（　　　）

15．看零件图要先看标题栏的内容。（　　　）

16．同一基本尺寸，公差值越大，公差等级越高。（　　　）

17．间隙配合中，孔的公差带一定在零线以上，轴的公差带一定在零线以下。（　　　）

18．同轴度的公差带形状是一个圆柱内的区域。（　　　）

19．表面粗糙度的高低，对机件的使用性能没有任何影响。（　　　）

20．硬质合金的特点是耐热性好、切削效率低。（　　　）

21．内孔车刀主要用来加工工件端面。（　　　）

22．机械加工工艺过程是机械加工生产过程中的主要过程。（　　　）

23．铸造生产加工余量小、成本低、适应性强。（　　　）

24．刨削加工中，各类槽体和曲面也是能够加工的。（　　　）

25．用分度头分度时，工件每转过每一等分时，分度头手柄应转进的转数 $n=30/z$ 为工件的等

分数。　　　　　　　　　　　　　　　　　　　　　　　　　　　（　　）

26．锯削运动的速度一般分为 40 次/min 左右，锯削硬材料慢些，软材料快些。　（　　）

27．麻花钻主切削刃上各点的前角大小相等切削条件好。　　　　　　　　　（　　）

28．英制螺纹的牙型角为 70°，所以在我国一般很小使用。　　　　　　　　（　　）

29．用控制螺母扭角法来控制预紧力，其原理和测量螺栓伸长法不同。　　　（　　）

30．钻通孔在将要钻穿时，必须加大进给量，如采用手动进给的，最好改换成自动进给。

　　　　　　　　　　　　　　　　　　　　　　　　　　　　　　　（　　）

应知模拟试题二（四级）

一、单项选择题（70 分）

1．下面哪个例子不是职业兴趣的表现（　　）。

　　A．某位学生痴迷电子游戏

　　B．化学家诺贝尔冒着生命危险研制炸药

　　C．水稻杂交之父袁隆平风餐露宿，几十年如一日研究水稻生产

　　D．生物学家达尔文如痴如醉捕捉甲虫

2．劳动者解除劳动合同，应当提前（　　）形式通知用人单位。

　　A．15 日书面　　　　B．30 日书面　　　　C．30 日口头　　　　D．15 日口头

3．图形符号文字符号 KA 表示（　　）。

　　A．线圈操作的继电器与触头　　　　　　B．线圈

　　C．过电流线圈　　　　　　　　　　　　D．欠电流线圈

4．使用万用表不正确的是（　　）。

　　A．测电流时，仪表和电路串联　　　　　B．测电压时，仪表和电路串联

　　C．严禁带电测量电阻　　　　　　　　　D．使用前要调零

5．正确的触电救护措施是（　　）

　　A．打强心针　　　　　　　　　　　　　B．合理选择照明电压

　　C．移动电器不须接地保护　　　　　　　D．先断开电源再选择急救方法

6．奥氏体为（　　）组织。

　　A．多相　　　　　　　B．单相　　　　　　C．混合物　　　　　D．金属化合物

7．T12A 钢按质量分属于（　　）。

　　A．优质碳钢　　　　B．高级优质碳钢　C．普通碳钢　　　　　D．特级质量碳钢

8．合金刃具钢一般是（　　）。

　　A．低碳钢　　　　　　B．中碳钢　　　　　C．高碳钢　　　　　D．高合金钢

9．热处理的目的之一是（　　）。

　　A．提高钢的使用性能　　　　　　　　　B．提高钢的密度

　　C．提高钢的熔点　　　　　　　　　　　D．降低钢的工艺性能

10．65Mn 钢制作弹簧，淬火后应进行（　　）。

　　A．高温回火　　　　B．中温回火　　　　C．低温回火　　　　D．完全退火

11．依靠传动带与带轮之间的摩擦力实现的传动称为（　　）。

A．摩擦传动　　　　B．摩擦轮传动　　C．带传动　　　　　D．链传动

12．圆柱齿轮传动均用于两（　　　）轴间的传动。

A．相交　　　　　　B．平行　　　　　C．空间交叉　　　　D．结构紧凑

13．采用由轴、齿轮、蜗轮蜗杆、链、皮带等机械零件直接传递动力的传动形式称为（　　　）。

A．机械传动　　　　B．电气传动　　　C．气压传动　　　　D．液压传动

14．铰链四杆机构中的运动副都是（　　　）。

A．移动副　　　　　B．圆柱副　　　　C．转动副　　　　　D．球面副

15．圆柱被倾斜于轴线的平面切割后产生的截交线为（　　　）。

A．圆形　　　　　　B．矩形　　　　　C．椭圆　　　　　　D．直线

16．用剖切平面，将机件全部剖开后进行投影所得到的剖视图称为（　　　）。

A．视图　　　　　　B．半剖视图　　　C．全剖视图　　　　D．局部剖视图

17．装配图的标题栏上一般用有一个（　　　），说明零部件的数量。

A．技术说明　　　　B．视图　　　　　C．明细表　　　　　D．必要的尺寸

18．孔的公差带代号由（　　　）组成。

A．基本尺寸与公差等级数字　　　　　B．基本尺寸与孔基本偏差代号

C．公差等级数字与孔基本偏差代号　　D．基本尺寸、公差等级数字与孔基本偏差代号

19．在装配图上标注的配合代号，在基本尺寸后面，配合代号可排成一线，中间用斜线分开，斜线前为（　　　）的公差带代号。

A．轴　　　　　　　B．孔　　　　　　C．孔和轴　　　　　D．尺寸

20．形位公差框格有两格或多格等形式，多格的一般用于（　　　）。

A．位置公差　　　　B．形状公差　　　C．基准　　　　　　D．符号

21．精车时切削用量的选择原则是（　　　）。

A．较大的 v_c 及 a_p 和较小的 f　　　B．较大的 v_c 及 a_p 和较大的 f

C．较小的 v_c 及 a_p 和较小的 f　　　D．较小的 v_c 及 a_p 和较大的 f

22．采用夹具后，工件上有关表面的（　　　）由夹具保证。

A．表面粗糙度　　　B、几何要素　　　C、大轮廓尺寸　　　D、位置精度

23．机械加工过程的内容之一是用机械加工方法直接改变生产对象的（　　　）使之成为成品或半成品的过程。

A．相对位置　　　　B．温度　　　　　C．颜色　　　　　　D．亮度

24．铸造是制造机器零件毛坯的一种（　　　）成型方法。

A．热加工　　　　　B．冷加工　　　　C．金属液态　　　　D、金属固态

25．铣削主要用于加工工件的平面、（　　　）、角度等。

A．螺纹　　　　　　B．外圆　　　　　C．沟槽　　　　　　D．内孔

26．划线时在零件的每一个方向都需要旋转（　　　）个基准。

A．一　　　　　　　B．二　　　　　　C．三　　　　　　　D．四

27．扁錾的切削部分扁平，切削刃较（　　　）并略带圆弧。

A．宽　　　　　　　B．窄　　　　　　C．小　　　　　　　D．短

28．工件将锯断时，压力要（　　　），避免造成事故。

A．大　　　　　　　B．小　　　　　　C．不变　　　　　　D．加大

29．不能用（　　）锉刀锉削内圆弧。

    A．半圆锉   B．方锉   C．板锉   D．圆锉

30．可调节手铰刀主要用来铰削（　　）的孔。

    A．非标注   B．标注系列   C．英制系列   D．公制系列

31．在钢件和铸铁件上加工同样直径的内螺纹时，其底孔直径（　　）。

    A．同样大   B．钢件比铸件稍大

    C．铸件比钢件稍大   D．相差两个螺距

32．内柱外锥式轴承内孔接触斑点为 12 点/（25mm×25mm），且两端为硬点，中间为（　　）。

    A．亮点   B．暗点   C．软点   D．光点

33．离心泵在装配时，泵不出水的原因可能是（　　）。

    A．轴承损坏   B．填料压盖太紧 C．叶片损坏   D．油质不良

34．在接触区域内通过脉冲放电，把齿面凸起的部分先去掉，使接触面积逐渐扩大的方法称为（　　）。

    A．加载跑合   B．电火花跑和 C．研磨   D．刮削

35．（　　）装配的目的是为了提高主轴的回转精度。

    A．轴向   B．主轴   C．定向   D．径向

36．调整后轴承时，用手转动大齿轮，若转动不太灵活可能是（　　）没有装正。

    A．齿轮   B．轴承内圈 C．轴承外圈 D．轴承内外圈

37．滑动轴承因可产生（　　）故具有吸振能力。

    A．润滑油膜   B．弹性变形 C．径向跳动 D．轴向窜动

38．部分式轴瓦安装在轴承中无论在圆周方向或轴向都不允许有（　　）。

    A．间隙   B．位移   C．定位   D．接触

39．须提醒的是离心泵在启动前，泵中必须灌满液体，把泵中的（　　）排除。

    A．杂质   B．液体   C．空气   D．混合物

40．装配精度检验包括（　　）检验和几何精度检验。

    A．密封性   B．功率   C．灵活性   D．工作精度

41．封闭环基本尺寸等于（　　）。

    A．各组成环基本尺寸之差   B．各组成环基本尺寸之和

    C．增环基本尺寸与减环基本尺寸之差 D．增环基本尺寸与减环基本尺寸之和

42．装配工艺（　　）的内容包括装配技术要求及检验方法。

    A．过程   B．规程   C．原则   D．方法

43．机床空运转时，高精度机床噪声不超过（　　）。

    A．50dB   B．60dB   C．75 dB   D．80 dB

44．装配（　　）时，用涂色法检查键上、下表面与轴和毂槽接触情况。

    A．紧键   B．松键   C．花键   D．平键

45．编写（　　）主要是编写装配工艺卡，它包含着完成装配工艺过程所需的一切资料。

    A．装配工艺规程 B．装配工艺文件 C．装配工序   D．装配内容

46．机床精度检验时，当 $D_a \leqslant 800min$ 时，检验主轴轴线对床鞍移动的平行度（在竖直平面内、300mm 测量长度上）允差值为（　　）（只许向上偏）。

A．0.01mm B．0.02mm C．0.03mm D．0.04mm

47．确定溜板箱位置应校正开合螺母（ ）与床身导轨平行度。

A．中心面 B．侧面 C．中心线 D．端面

48．装配轴承内圈时应先检查其内锥面与主轴锥面的接触（ ），一般应大于50%。

A．位置 B．角度 C．面积 D．周长

49．CA6140 车床主轴前轴承处温升高，主要原因可能是（ ）轴承预紧量过大。

A．后 B．前 C．左 D．右

50．蜗杆传动机构的装配顺序，应根据具体情况而定，应（ ）。

A．先装蜗杆，后装蜗轮 B．先装蜗轮，后装蜗杆

C．先装轴承，后装蜗杆 D．先装蜗杆，后装轴承

51．框式水平仪是看（ ）读数的。

A．液体 B．气泡 C．液体和气泡 D．液体或气泡

52．经纬仪和平行光管配合，可用于测量机床工作台的（ ）误差。

A．平等度 B．分度 C．垂直度 D．平等度和垂直度

53．光学平直仪主要由光源、物镜、（ ）、分划板、十字线分划板和反射镜等组成。

A．棱镜、目镜 B．棱镜 C．显微镜、目镜 D．目镜、五棱镜

54．"空运转"试验的目的主要是检查在（ ）状态下，各部件工作是否正常。

A．静止 B．负荷 C．运转 D．超负荷

55．CA6140 车床被加工件端面圆跳动超差的主要原因是主轴轴向游隙过大或轴向窜动（ ）。

A．正常 B．超差 C．过小 D．一般

56．主轴锥孔斜向圆跳动时检查，杠杆千分表的表头放置在（ ）。

A．机床主轴 B．主轴锥孔的内表面

C．机床主轴的端面 D．主轴锥孔的端面

57．对机床主轴的径向圆跳动进行检查，可使用（ ）进行测量。

A．游标卡尺 B．千分尺 C．百分表 D．千分表

58．机床精度检验时，当 $D_a \leqslant 800$mm 时，检验主轴轴线对床鞍移动的平行度（在水平面内，300mm 测量长度）允差值为（ ）mm（只许向前偏）。

A．0.015 B．0.02 C．0.025 D．0.03

59．机床精度检验时，当 800mm$<D_a \leqslant 1250$mm 时，尾座套筒锥孔轴线对床鞍移动的平行度（在竖直平面内，500mm 测量长度上）允差值为（ ）mm（只许向上偏）。

A．0.02 B．0.03 C．0.04 D．0.05

60．机床精度检验时，当 800mm$<D_a \leqslant 1250$mm 时，主轴的轴向窜动允差值为（ ）。

A．0.01mm B．0.015mm C．0.02mm D．0.025mm

61．润滑剂除了润滑作用外还可起到（ ）作用。

A．提高摩擦系数 B．提高机械效率 C．冷却 D．节省能源

62．切削液渗透到了刀具、切削和工件间，形成（ ）。

A．润滑膜 B．间隔膜 C．阻断膜 D．冷却膜

63．钳工工作场地必须清洁、整齐，物品摆放（ ）。

A．随意 B．无序 C．有序 D．按要求

64．保持工作环境清洁有序不正确的是（ ）。

A．随时清除油污和积水 B．通道上少放物品

C．整洁的工作环境可以振奋职工精神 D．毛坯、半成品按规定堆放整齐

65．工艺规程的质量要求必须满足产品优质、高产、（ ）三个要求。

A．精度 B．低消费 C．寿命 D．重量

66．钻床开动后，操作中允许（ ）。

A．用棉纱擦钻头 B．测量工作 C．手触钻头 D．钻孔

67．3号钻头套，内锥孔为3号莫式锥度，外圆锥为（ ）莫式锥度。

A．2号 B．3号 C．4号 D．5号

68．钻孔轴线倾斜的故障原因是（ ）。

A．主轴回转中心不垂直工作台 B．套筒不平行立柱

C．工件不平 D．钻花不直

69．钻台阶孔时，为了保证同轴度，一般要用（ ）钻头。

A．群钻 B．导向柱 C．标注麻花钻 D．双重顶角

70．主轴在进给箱内上下移动时出现轻重现象时的排除方法之一是（ ）。

A．更换主轴 B．修整主轴套的齿条与其相啮合的齿轮

C．更换花键轴 D．更换进给箱

二、判断题（30分）

1．职业随生产力的发展而产生，是社会分工的结果。 （ ）

2．我国《劳动法》禁止未满16周岁的未成年人就业。 （ ）

3．热继电器不能作短路保护。 （ ）

4．电动机出现不正常现象时应及时切断电源，排除故障。 （ ）

5．断裂前金属材料产生永久变形的能力称为塑变。 （ ）

6．合金机构钢牌号前面的两位数字表示该钢平均含碳量的千分数。 （ ）

7．退火的目的是降低钢的硬度、提高塑性，以利于切削加工及冷变形加工。 （ ）

8．表面淬火可以改变工件的表层成分。 （ ）

9．带在轮上的包角不能太小，三角带包角不能小于120°，才保证不打滑。 （ ）

10．齿轮传动是由主动齿轮、从动齿轮和机架组成。 （ ）

11．螺旋机构传动精度低，不易自锁且传递扭矩较小。 （ ）

12．零件是运动的单元。 （ ）

13．四杆机构分为铰链四杆机构和滑块四杆机构。 （ ）

14．当两个基本体的表面相交，视图上不画交线的投影。 （ ）

15．当采用几个平行的剖切平面来表达机件内部结构时，应画出剖切平面转折处的投影。 （ ）

16．装配图表达装配体的工作原理、装配关系及主要零件的结构形状。 （ ）

17．互换性要求工件具有一定的加工精度。 （ ）

18．某一尺寸减其基本尺寸所得的代数差称尺寸偏差。 （ ）

19．孔和轴的配合代号标注在基本尺寸数字的前面。 （ ）

20．表面粗糙度是一种加工产生的微观几何形状误差。 （　　）

21．表面粗糙度符号的尖端必须从材料外指向材料表面。 （　　）

22．磨削加工的实质可看成是具有无数个刀齿的车刀的超高速切削加工。 （　　）

23．工艺过程实际上就是机械加工工艺过程。 （　　）

24．在机械加工中，一个工件在同一时刻只能占据一个工位。 （　　）

25．车削特点是刀具沿着所要形成的工件表面，以一定的背吃刀量和运动对回转工件进行的切削。 （　　）

26．划针用来在工件上划线条，由弹簧钢或高速钢制成。 （　　）

27．錾削不能在圆弧面上加工油槽。 （　　）

28．锉刀涂油可使锉刀锋利。 （　　）

29．钻削盲孔时要经常退钻排屑，以免切削阻塞而使钻头扭断。 （　　）

30．车床主轴与轴承间隙过大或松动时被加工零件产生圆度误差。 （　　）

参考文献

［1］劳动和社会保障部教材办公室组编. 钳工工艺学[M]. 4 版. 北京：中国劳动社会保障出版社，2005.

［2］劳动和社会保障部教材办公室组编.钳工技能训练[M]. 4 版. 北京：中国劳动社会保障出版社. 2005.

［3］劳动和社会保障部教材办公室组编.钳工工艺学习题册[M]. 北京：中国劳动社会保障出版社. 2005.

［4］宋军民，冯忠伟. 钳工基本操作技能训练[M]. 北京：国防工业出版社，2006.

［5］高永伟. 钳工工艺与技能训练[M]. 北京：人民邮电出版社，2009.

［6］陈福恒. 一体化钳工基础理论和技能训练[M]. 济南：山东大学出版社，2010.

［7］骆行. 钳工工艺与技能训练[M]. 成都：电子科技大学出版社，2007.

［8］汪哲能. 钳工工艺与综合技能训练[M]. 北京：机械工业出版社，2012.

［9］贾恒旦. 钳工[M]. 北京：航空工业出版社，2008.

［10］阳海红. 装配钳工国家职业技能鉴定指南[M]. 北京：电子工业出版社，2012.

［11］朱为国. 钳工技能大赛试题解读[M]. 北京：机械工业出版社，2013.

［12］机械工业职业教育研究中心组编. 钳工技能实战训练[M]. 北京：机械工业出版社，2007.

［13］劳动和社会保障部教材办公室组编.模具钳工技能训练[M]. 北京：中国劳动社会保障出版社，2008.